张楚涵 著

情感之乱

女心理师和她的23个案例

A WOMAN PSYCHOLOGIST AND HER 23 CASES

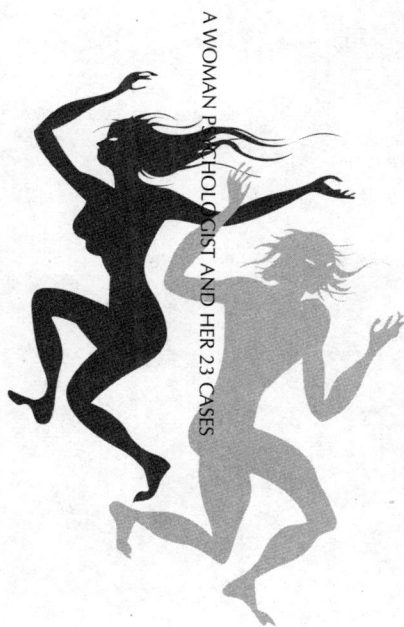

新星出版社 NEW STAR PRESS

「目录」

顾整个文明的倾向一旦超出了某一界限，必将翻转过来，有害于原来的目的。

序

　　记得 2003 年楚涵的黄手绢心理咨询室建立，我就对楚涵说：你很有勇气，在众人似醒非醒之时，你清晰预见到了心理咨询对人们的价值。看着她勤奋地思考，埋头苦干，心中一份敬意不由地渐渐升起。

　　当一个来访者皱着眉、怀着痛进来，尔后舒展了自己耳朵心境，带着由衷的欢喜离去，这就是一个优秀的心理医生最大的满足。这几年，楚涵就在这样的体验中度过。相信这个事业会不断发展，也同时寄希望于每个读者在倾听这些故事的时候也心怀真诚的感动。

　　祝楚涵永远热情真挚，永远追寻高超的心理咨询技能，为许许多多迷失于痛苦之中的人们带来希望和期盼。

中国青少年网络协会心理发展研究院执行院长

中国青少年心理成长基地心理总督导

应　力

2007—7—1

前　言

这是一本关于心灵重整、灵魂洗涤的真实案例手记。

这是一本关于人们如何走出抑郁、克服焦虑、摆脱心理困惑与折磨的书；这是一本记录人们如何从饱含泪水的挣扎到最终笑颜绽放、重回幸福、重回心灵宁静、心理旅程的书。

这其中有童年遭遇不幸经历至今仍有着深深伤痕的人们；有意外怀孕流产后陷入抑郁的女孩；有在婚外感情世界里挣扎过的男女；有对同性之间模模糊糊情感却无法面对的男人；有着在这繁华世界里放荡不羁却心灵不安的男人；有过不幸坠落于烟花红尘的心酸女子；有沉迷于赌博里难以自拔的男人；也有近乎于疯狂般去感受痛楚的虐恋之人，更有在失去刻骨铭心的爱人时曾经一度失去自己的男男女女。

他们曾经一度感叹伤怀，他们曾经一度地陷入迷惑，他们曾经一度犹豫彷徨……人们终于勇敢地走进我的咨询室，勇敢面对自己。我和这些朋友们一起经历心的风雨、心的重整，经过共同的努力终于走出曾经阴霾过的内心，来感受世间的温情。回首望时，多少的眼泪、多少的艰难、多少的努力，都在心灵终于宁静的时候，让我感动不已。在我看到每个人都可以再次找回自己、找回微笑、找回幸福的时候，我也会流泪，也会备感欣慰！

在取得当事人的理解和同意后，把我的咨询手记编辑成集，只为了给天下每个期待幸福的人们，只想让所有的人们相信：幸福离我们并不遥远，苦难也并不可悲，心灵的感冒并不可怕，只要我们努力，只要我们不放弃，只要我们还相信这一切都只是暂时，风雨之后定会是彩霞满天，我们的心会再次归来，幸福也会再次降临，我们真的可以做到！

最后，我还是要感谢我的来访者，是你们给了我很大的支持，我要感谢我的先生，是你给了我最大的鼓励帮助和对案例的精彩点评分析。

祝福所有看到和还没有看到这些文字的朋友：幸福一生！

第一章
家庭篇

1．我愿如百合纯洁——童年经历的影响

> 在儿童时期，某些情境很容易孕育出严重的错误意义，大部分的挫败者都来自于这种情境下成长的儿童。
>
> ——阿德勒

每天，我都看着我面前的人们，和她们一起经历悲伤或是幸福的回忆；每天，我都期待我的朋友在我这里笑颜离开，等待下次来时，离幸福的门槛不远。我总是在我小小温暖的房间感受人生的悲欢离合。

一束百合送到我这里的时候，助理 Anna 为我开怀而笑，而我却不知道这是谁的心意。

房间里已经整整一个星期都散发着百合淡淡的幽香，每次伸长鼻子感受它的清香时，也在内心感谢这个朋友，希望你在这里看到我的文章，也知道我在感谢你！

月月来的时候，惊呼百合被绿色柔纱围绕着的美丽。她喜欢百合，她说："它是纯洁的，而我不再纯洁……"

月月是美丽的，也是大方的，她第一次就对我说："我就像妓女一样的下贱。"我惊叹她的直接和勇气，但是我知道所有的这样的女子都有她的心酸和泪水。

月月说她是一个外表看似柔情的女人、内心却是阴暗无比的魔鬼。

我说："没有人愿意把自己比做魔鬼，也许你只是用把自己比做魔鬼来为自己心灵解脱。"

月月说："我只想让所有男人得到惩罚。"

我说："这样你就会开心?"

月月无言。

我说："这样的惩罚也许是给自己的，我们内心并不快乐。"

月月说："我一定要给你揭开我心灵深处的伤疤吗?"

我说："如果你不愿意说，我理解你。"

月月突然很生气地说："我就知道你如此虚伪，你根本就想知道。"

我说："如果你不愿意告诉我，你可以保留。"

我说："你先回答我几个问题，你为何来做心理咨询?"

月月说："我不想这样过下去了，每天活在仇恨里，我不快乐，我不能，我会疯掉……"

我说："好！如果你需要开始一种新的生活，无论你从事何种职业，无论你以前经历了什么，此时，你需要和我配合。我会给你时间来慢慢让我们一起走进你的内心。"

月月说："那你不要生我的气，我不是故意对你这样的。"

我伸出手去温暖月月冰冷的小手。"不会的，也许我会是你最好的朋友，也许我是你最恨的人，但是请相信，我想让你快乐。我们需要握紧双手，我和你一起来努力。"

月月的眼泪一滴滴落下的时候说："我可以叫你姐姐吗？"

我递给她含有薰衣草香味的纸巾，"如果你愿意……"

月月的心理治疗开始得并不顺利，她会无故地不理我，会沉默很久，也会发火。

我总是看着她说："月月，我们在努力。"

月月说："我无法控制自己的情绪暴躁，我甚至在和男人做爱的时候，会突然生气踢他下床。我也不会总是很幸运，我会被有些男人痛打。如果我可以逃离的时候，我会发疯一样在上海的街头狂奔。我不想再这样了……"

我听着月月的声音，这是我期待的，我只想听她自己说放弃让男人对自己的惩罚。

我说："你想好了吗？"

月月会很激动地说："那我还能做什么？"

"噢。我们可以做的很多很多……只要我们喜欢。"

月月以前是学画画的，画过美丽的卡通人物和优美的风景。

"你还可以画画？"

月月脸显得更是苍白，"不！不！不……"

月月情绪激动的时候，会突然冲出咨询室，我等她平静后回来。她还是会回来，我的心也会悄然落下。

月月已习惯和我说对不起，每次我除了微笑还会说："只要你

情感之乱——女心理师和她的23个案例

还相信我！"

月月的心结在做完意向分析之后打开，我和她一起感受心灵里隐藏的伤痕，我直视月月的眼睛不让她逃避。

"这是我给你做的分析：你的童年经历过类似亲人般的男人对你性侵犯，你一直活在他的阴影下。你曾经有过一段被隔离的日子。你不相信任何人。但是你会好起来，因为百合在你心里开放，你依然渴望似百合的纯洁。我说得对吗？"

月月躺在沙发床上，睁大着双眼，从惊奇的表情陷入到痛苦的回忆。

月月说："你给我一只烟。"我为她点燃，也点燃她尘封的心灵。月月不再坐立不安了，不再隐藏她深深的伤痛，月月说："这辈子也没有人知道我真正走向堕落的原因。"

月月的自述

月月父母离异，父亲和母亲都成立自己的家庭，月月只有跟着姥姥一起生活。童年的月月比同龄人要早熟很多，过早的显示了她女性的柔美……

家里还有个一直未婚的舅舅，舅舅是画画的，而月月也迷上了画画。十岁的时候，一日黄昏，姥姥出门了，家里只有月月和舅舅。

舅舅在月月的身后，看她画画。手在她的发丝上游动，一直落在她白皙的脸颊。月月意识到舅舅的行为古怪想要逃离的时候，摔倒在地上。舅舅却逼近了她，挣扎、撕扯，月月犹如狂风中一朵百合落下……画笔和画板滚落一地……

从此，月月总是在舅舅的威逼甚至扭曲的爱意之下屈服，同时已不再画画。

长达三年的时光，月月蜷缩在无边际的黑暗中，渴望有人来救她。绝望的她，甚至想离开这个悲惨的世界。母亲再次离婚，接月月回上海，而月月早已不是从前只有纯真笑脸的月月了……

十八岁的时候，月月在上海已经生活五年，她努力让自己忘记伤痛，却早已明白自己不再纯洁。

月月不喜欢和母亲交流，甚至不和她说话，母亲每一次对她的亲近，她都会想起舅舅的模样。月月开始变得烦躁不安，她选择住校以逃离母亲。

月月开始过早地接触社会，她的美丽让很多男孩陶醉，可她只是逃避，但却更加引起男人对她的好奇。

雯雯，是月月的好友，这个女孩很平凡，但是却有一张把白说成黑的巧嘴，她总是接触很多的成年男人，而她也总有花不完的钱。

月月的心被一个男孩轰轰烈烈的爱打开，却在更加悲伤中再次关闭。当一切甜蜜激情后，男孩说她不是处女，因而痛苦地离开了。从此，月月不再相信男人，而是憎恨男人。

月月对好友雯雯的信任也在同一时间被摧垮，雯雯把经历爱情打击的月月灌醉，让垂涎她的男人最终得到了她。

她被这个喜欢她的男人囚禁在豪华奢侈的房间里整整三个月。最终她还是逃离了，找到雯雯的时候，给了她一记响亮的耳光。从此，月月也不再相信女人，却爱上了堕落的感觉。

她在迷醉中看到男人饥渴的嘴脸，却在痛苦中接受男人的身体。月月不让男人亲吻自己小巧柔软的嘴唇，她说那里与心距离太近……

月月也有摇摆不定的时候，她会任性地摔门离去，只因为也有男人善意的劝告她。当她推开男人欲望满足之后的怀抱，冲洗自己光滑而富有弹性的身体时，月月也有温暖平静的时候。

我和月月一起在意象对话治疗中把过去的悲伤埋葬，我们共同商定，这个地方是我们的秘密，没有人再会轻易打开。

"月月你自己打开的时候，也请正视它，不再躲避，也不再害怕。让你的心在这里有稍许停留，接受它，再关闭它，回到此时上海的蓝天白云间，回到我们共同期望的美好明天里。"

月月的心理治疗用了六个月时间。虽然进度缓慢，但是我每次看到她的时候，都会感受她的生命力和对阳光的向往。我每次看到她落泪的时候，她还是那样说："让我哭吧……"

我和月月的关系日益亲密起来，甚至在夜间她也会给我打电话说她的开心和不开心。我们一起讨论养花学问，培养我们对生活的品位；一起讨论爱小动物以增强自我爱心体验。我小心地提及亲情在我们生活里的重要，月月说："楚涵，我明白你的意思。'

月月回去看母亲次数多了，虽还不是很融洽，甚至陌生，但至少还是和母亲多少有些交流了。

我说："月月你做得很好了，无论怎样的不情愿，母亲都是我们最亲的人，母亲也有她的伤痛，她是爱你的。母亲无心伤害我们，也请你理解她什么都不知道，更不知如何来爱你。你迈出的步伐，你做出的努力，时间久了，我们的心会被亲情所融化。"

月月不再放纵自己了，但她还不知道自己是否适应朝九晚五的白天生活。而我微笑地说："不要着急，我们会慢慢找到方向，你不再惧怕画画的时候，我们就可以去画画了；你不再惧怕男人的时候，我们也可以去做咖啡屋美丽的女服务员。"

月月看着我笑，"我可以吗？"

我说："为何不可以呢？月月有美丽的笑脸，月月有着独特的艺术天赋，你的绘画可以说是最棒的。"

月月拿起画笔了，看到月月画中的我，我的眼泪没有再隐藏。我说："真的，你画得很好！"

月月不再对我轻易发火了，她温柔起来似她的外表，而她的心也越来越似百合一样纯洁，散发清香……

月月最终找到自己的职业：在环境优美的咖啡厅做服务员。月月为咖啡厅画了很多充满诗意的、充满希望的画，迎来了年轻老板的赏识，也迎来他的心。

月月又开始焦灼不安，她不知道是否去隐瞒过去还是坦然地面对他。但月月最终选择告诉他曾经的自己，曾经的生活。我和月月在平静和期待中终于得到他对月月真实表白和理解，当然还有爱的接纳。

再次看到月月幸福的眼泪，我没有再给她纸巾，任由这美好的感觉蔓延整个小小房间，久久回味。

我在一日黄昏去看她的时候，她款款向我走来，端庄娴雅，如若仙子。我送她一束香水百合。

月月的眼睛有晶莹的泪光。"姐姐，谢谢你！"我和月月拥抱，不是别离，而是我可以放开月月的手让她高飞……

最后我给月月的话：也许曾经我们小小肩膀承担无数苦痛，那时我们年轻，那时我们面临危险而不知如何保护自我。原谅我们少不知事，曾经我们沉沦，但是我们没有获得真正地开心；曾经我们迷茫，致使我们在大雾弥漫的时刻找不到前方的路。

大雾终有消散的时刻，而我们也会在沉沦中上升，因为我们不快乐。所以只要我们还希望幸福，就让我们拥抱过去，说再见，走向幸福的明天。没有人不可以被原谅，只要我们还原谅自己。这个世界每一天都会日出，我们也可以在新的一天感受生命的精彩！

也许你还会反复，也许你还会重返忧伤，也许你在把握此时幸福的时候，你还会患得患失，我们需要给心一个过程，我们需要小心维护我们的心灵，直到它可以感受阳光，抵挡风雨。而我已可以放开你的手，让你高飞……只要我们不放弃，一切都还可以重来……

也许悲痛久了，也许伤痛深了，在感受温情的时候，在感受幸福的时候，也就分外觉得幸福更加的甜美、更加的不易，所以更加的珍惜……

◎月月的案例分析

○从羞耻到罪恶

性、爱的最自然的状态下是通过三种不同的印象或情感的结合而发生的：1．由美貌发生的愉悦感觉；2．肉体上的生殖欲望；3．浓厚的好感或善意。哲学家休谟在《人性论》中如是说。诚然，不具备这些情感的性与爱则是不自然的。当惊恐、惧怕、耻辱、痛苦与性爱同时进行的时候，这种不自然便将升级，并能给人造成严重的心理创痛，对月月而言就是如此。

月月成长在一个不完整的家庭，父母的离异造成了月月童年中父爱和母爱的缺失，她长期和姥姥、舅舅生活在一起。不难想象当她看到其他小朋友快乐地和父母在一起的时候，月月的心中是多么的痛苦。除了姥姥、舅舅之外，画画逐渐也成了她对情感和生活的寄托，而这是舅舅教给她的，舅舅不但是她的亲人同时也是她的老师。然而就是这样一个令月月敬重的人却无情地玷污了她的贞洁，在三年的凌辱中从渴望摆脱到绝望的面对，此时的月月除了感到被整个家庭抛弃，更多地便是羞耻，对性的羞耻，对自我的羞耻。

　　不得不承认，月月是一个坚强的女孩，沉重的打击依然没有摧毁她对爱情的想象与期盼。直到一个她喜欢的男孩出现，爱的力量让惧怕和矛盾心理变得弱小，爱让月月更加地勇敢和坚强。然而月月的身体却让这个男孩退却了，同时也将月月心中美好的爱情打得粉碎。童年的不堪经历让她失去了太多，此时的羞耻开始升级，因为这种羞耻不但属于她自己还附加给了她所爱的人，原本月月对自己的不认同也开始扩张至他人对自己的不认同，除了有被家庭的抛弃感，更多了被爱情的抛弃感。

　　之后的经历更加深了月月内心的痛苦，又一次长期的不自然的性爱。此次月月更真切地感到性与爱情的遥远，她所一直坚持的道德情操观念逐渐化为泡影，性成了一个没有爱的独立个体，而且似乎也不得不这样，因为月月深信爱情已不属于自己。事实上，这一切并不是月月所愿，而是完全被强迫使然，这与月月内心深处的真正观念仍是矛盾的。所以当月月有了这些想法的时候，从前的羞耻被淹没，她不再被家庭、爱情抛弃，而是她去抛弃自己的家庭、自己的爱情和整个社会，同时她感到的是一种罪恶，对性的罪恶，对家庭的罪恶，对爱情的罪恶，对整个社会的罪恶。

○将创伤抹去

奥·赫胥黎说过："我无法驾驭我的命运，只能与它合作，从而在某种程度上使它朝我引导的方向发展。我不是我心灵的船长，只是它闹闹攘攘的乘客。"

首先月月要做的是对旧时创伤的记忆重建，在这一过程中最重要的就是将这些不堪往事唤起并得到自己和他人的认同。这些是难以回首的，月月也只是在极度放松或半睡眠的状态中才能够提及一些，同时她被鼓励并确认所有的一切不是自己的过错，也不是自己的能力所可以改变的，别人给她的更多的不应该是蔑视和唾弃，而应该是帮助和同情。

之后是对家庭情感的弥补，在一个人的支持系统中家庭是最为重要的一个成分，对月月而言这已经缺失的太久。面对自己的父母亲仿佛陌生人，在多次的鼓励下月月开始尝试着和他们交流，并逐渐理解了父母的苦衷，同时也一点点地感受着他们的爱。

最后便是改变对性的观念，建立对爱情的信心，去找寻失去的爱情。月月意识到自己曾经的性都是被他人或事件强加的，自己只是一个弱小无辜的受害者，而真正属于自己的性并没有丢失，自己的观念并没有丢失，爱情和性仍紧密地结合在自己的心中。月月最终找到了自己的爱人，勇敢地说出了自己的往事，得到了他的理解和同情，真正的爱情和幸福来到了她的身边。

当人们面对遭遇创伤之时，仅仅沉浸其中只会带给自己更多的痛苦和烦恼，消极的回避也无益于问题的解决，勇敢地去面对这一切，倾诉可以得到更多的支持和鼓励。最重要的是相信自我永不会丢失，就似月月一样，如百合般纯洁。

2．一个已婚男人的困惑

> 自我实现者的爱情关系中，我们可以看到爱和既尊重他人又极其自爱两者的融合。他们互相需要。极其亲近，又十分容易分开，他们从对方那里获得极大的乐趣，但又极其洒脱乐观，愿意接受长期的分离或者死亡，经过最强烈的，最令人心醉的爱情生活，他们仍可以保持原来的自我。仍然能主宰自己，以自己的标准来生活……
>
> ——马斯洛

上海初冬，第一次降温，很冷。很多人都感冒了，我也没有例外。我裹紧棉被还是感觉寒冷。外面，阳光照耀整个阳台。当我起床时，有片刻的眩晕。清扫阳台的时候，看到石榴花竟然在如此寒冷的季节孕育花苞，心突然很感动，这时的小阳台还会有花开。

下楼时，婆婆向我打招呼，我笑笑说，你好啊。这个小区很宁静，婆婆坐在这里晒太阳已是一道风景。

每天我上班的路程有十分钟。我穿过繁华的街道，已经有很多人认识我，我和大家微笑点头。我上了十七楼电梯的时候，有人突然冲进来。这个男人站稳之后，看看我，我和他同时去按十七楼，我们都笑了。

电梯上升的过程中，我们都盯着数字的跳跃。

他随后也进了我的咨询室，我的助理在放一首歌：张敬轩的《断点》。

他说："请原谅我的冒昧。我没有预约就来到咨询室了。"

我说："你是想做心理咨询吗？"

他说："是的。"

他坐在我对面时，我才看清楚他的眼睛布满血丝，胡子青青的，好似一夜没有睡。他的外套有土的痕迹，但是看得出是名牌，他的怀里抱着一件藏青色的毛衣。

感觉很冷，他捧起茶杯温暖双手。我打开空调，房间里也温暖起来。

这时他说："我很累，我很难过，我不知道我可以去哪里，我只有到你这里来了。"

他说："你可以把你的电脑给我用用吗？"

我说："可以。"

电脑再次转回我的面前：是一个高挑美丽的女孩儿对我微笑，闪过一张张照片，笑靥如花。

整整两个小时的咨询时间，他几乎只是盯着屏幕上的女孩儿。他叫豪。几乎整整两个小时，他都在流泪。

◎豪的爱情自述

无论如何，我不会相信，三十五岁的年纪，我还会一见钟情。

无论如何，我为了爱她，和她在一起，我隐瞒了很多，却伤害了我最爱的女人。

初次相见是在去海南的上海机场。我在机场办理手续，我前面的女孩儿，有一头乌黑的长发，我在想象她的模样。我在距离她一米的黄线外也会闻到她散发的香水味，她的声音是如此的甜美。

我在胡思乱想的时候，她突然转过头来，她是如此地让人着迷，她的美丽是一种震慑，压得我有些透不过气来。我躲避她眼神的时候，看到她对我微笑。

她离开柜台的时候，我还站在那里，心怦怦跳。

登机后，我找寻自己的位置，手里的行李箱碰到了女孩儿，我说对不起的时候，看到了她。

我至今都无法相信老天把她如愿地安排在我身边，是我感动了上天，还是命里注定我无法逃避这一次刻骨铭心的恋情。

我坐在她的身边，感受她的气息，她在飞机启动的时候，脸色苍白。

我问她还好吗？她只是淡淡地微笑，飞机开始平稳飞行的时候，我看到她闭上双眼，长长的睫毛还在颤动。

怜惜的情感突然之间涨满我的心房，柔柔的，软软的。我把毛衣给她盖在身上，享受着无法平静的心跳。

飞机上的人都在昏睡的时候，她醒了，眼睛汪汪地说谢谢！其实她的眼睛一直都是水盈盈的。

我和她轻声细语般交谈，看到她晕机的反应，心里真想拥抱她，给她温暖，给她一生的照顾。我不明白，怎会对一个陌生的女人会有此荒唐的念头，我笑自己。

16

飞机安全降落，我和她一起走出大厅，我好想和她继续在这个陌生的城市多些交流。我提出送她去酒店，她同意了，我的心情此时让我回想来就像个孩子。安排好她休息，我也有意住在她的对面，我希望还可以看到她。

接下来，我内心欢喜又急切地处理完我在这个城市所有的事务，等待和她晚餐。

她是神秘的，也是充满诱惑的，她几乎一直在房间里昏睡。也许她就是来这个城市睡觉的？

"烛光晚餐？"我问她。

她笑着说："我只是来散心的，看看窗外的海滩，看看头顶的白云，看看远处惬意的人群，我的心也会很舒适，这是放松自己的最好方式。"

愉快的聊天，我知道她是服装设计师，三十岁，至今单身一人，仍在寻觅属于自己的归宿。

送她回酒店，她因为红酒而面若桃花。

我强制自己离开这个女人，但是脚步无法移动。我已经感觉她吐气如兰，我久久注视她的嘴唇。不知是此时我的心左右我干涩的嘴唇，还是我的唇带动我激烈跳动的心，总之我吻她了。在我们碰触的一瞬间，她的呻吟再次让我热血沸腾。

激情让我感觉自己还年轻。美妙和谐的性爱让我感觉到整个世界，她就是我胸前的肋骨。她是为我而生，而我此时才和她相遇。我爱她，我坚信这就是爱。我要照顾她，我要和她永远在一起。

于是，我隐瞒我的婚姻状况，说自己是离异的男人，问她会不会嫌弃吗？她说："那是你的过去。"

于是我说："等我处理完我的工作，我就和你永远在一起。"她没有怀疑，一切天衣无缝。我在上海有公司，我有充足的时间和她在一起。

在海南的一个星期，是我们今生最幸福的时刻。回上海后，我们就住在一起了。相爱一年，爱的甜蜜就不用说了。我们没有什么磨合，我们只是恩爱。只是我隐藏得很辛苦。

我回北京办理公司的事情，我才有机会和我在国外的妻子电话谈离婚。妻子说："等我回来再说吧，如果你那时决定好了，我同意。"

妻子十月回来，我也赶到北京，夜晚电话响起，我还没来得及接，妻子已经拿起电话，她们在对话，都很平静。我拿起妻子递过来的电话，她说："我们分手，你不要再回上海了。"

看到我无力地挂了电话，妻子问："你还离吗？"

我说："我不知道。"

在电话说离婚的勇气，在看到妻子后突然消失了，我突然无法说出口了。妻子流泪了，我也是。

妻子说："你考虑好，我可以回国继续我的事业，如果家和爱人都没有了，我还要什么事业？"我无言，但是我的心很痛。刺痛我的女孩儿就这样冷静地挂了电话，就这样和我分离。

一个月过去，我克制不了自己对她的思念。我来上海了，回到属于我们的家。她很憔悴，静静地坐在我对面，只是一根接一根地抽烟。我无言以对，我没有离婚，至少此时还没有。

她还是那样温柔。她还是那样地平静。她走到窗前，看着外面苏州河的水波，喃喃地说："幸福离我很近，触手可及，但转瞬即逝。我受过伤，我的心被你所缝合，我小心保护我脆弱的心，但仍然会经历狂风暴雨。往前一步是海南的黄昏，往后一步，是现实的人生。"

她递给我一件毛衣，说："这一个月，我是在眼泪里给你编织的毛衣，如今没有人再穿手织毛衣了。我只是想给你一个回忆，如果有一天，你怀疑我是否经历过你的生命，你就把它拆了，看看它有多长，我的爱就有多久……我无怨无悔，我和你前世只修了九百年的缘，所以我们不可以今生共枕。"

豪看着女孩儿的照片说到此时已是泣不成声，他把脸埋在手里温暖的毛衣中，那里有他们共同的泪水。豪从昨晚就醉酒到今晨，他说："我已经无法面对她的温柔和眼泪。她太平静，使我害怕，我感受到她的内心蕴藏着更大的悲伤。"

而我看到无数个婚外恋的分离都是凄惨的，而她是最美的，犹如她自身的美丽。我终于也明白，豪为何如此爱恋这个女孩儿。如此难以割舍。

豪说："我心痛难以为继，我该选择谁？"

"你还要选择吗？也许女孩儿已经给你答案了。"

"这就是结果吗？"

我说："这是你的选择，而这个答案也不是心理医生给你的，是在心理咨询的过程中自己找寻的答案。这个答案是需要你自己寻找的。

"你做的选择尽管会让两个女人其中一个伤心，但是还有一个女人可以幸福。你做的决定尽管会让一个女人幸福，但你也还是不舍另外一个女人的柔情。你做的决定尽管不如你想象的完美，但这是你当初的选择，你就需要面对和承担。

"面对现实、面对两个女人的时候，你才会深刻体会现实和想象的不同，给你自己时间，让你自己的心来选择。"

豪说："我无心工作，什么事情都无法去做了。"

我说："我理解。这只是一个过程，而当我们给了自己选择的时候，就需要为之去努力。当没有答案的时候，自然会在心里一片混乱。而答案的找寻却需要过程。"

豪说："我想做长期的心理咨询，这样我会早点找到自己想要的答案。"

我说："好。我想无论你选择谁，爱你的人都希望你幸福，希望你继续你美好的前程。"

豪离开后，看着画面依然跳动的女孩儿，我在想：如果是我，我会选择谁？我们会同时爱上两个人吗？这个世界没有绝对，我不敢回答。

豪最终没有离婚。因为女孩儿离开了上海去国外进修，豪说："我很想她，但是她已经离开我了……"

◎豪的案例分析

○自私的激情

自私的激情介乎与友好的和不友好的激情两者之间，这种激情有时既不像前者那样优雅合度，也不像后者那样令人讨厌。这是哲学家休谟对自私的激情的论述。具体地讲，这种激情是对爱与性的一种欲望，它源自追求兴奋的需求，在人类心灵之中是根深蒂固的，特别是男性。对于豪而言也并不例外，只是在激情之前加上自私的界定，激情就变的有些特殊化了。

豪已近中年，事业也有所成，平日除了较轻松地处理一些公务之外，便是一个人的生活，妻子身处国外，更造成了豪的个人情感空虚，由于对妻子的爱和家庭的责任以及自身的一些个性原因，使得想象成为豪去弥补这种情感空虚的最有效方法。

一次出差的过程中，豪偶然结识了一个女孩儿，她的容貌、她的气息、她的声音令豪一见钟情，而此时的豪努力压抑自私的念头，一时的冲动并没能让他主动去做些什么。然而接下来的一些巧合性事件却让这种冲动合理地延续下来，从邻座到女孩儿晕机，从酒店邻房到午夜的烛光晚餐，一切都那么的似曾相识。的确，豪没有意识到这种似曾相识就是想象与现实结合后的感觉，同时豪也并不知道这正是他之后痛苦的开始。曾经的想象，现实的契合，加上对其他异性的好奇心理，让压抑的冲动最终变成了不理智的行为。

一年之后，豪不得不直接面对这种行为造成的后果。妻子得知了一切，女孩儿放弃了情感，她们合理平静的情绪并不能丝毫掩饰豪对她们的伤害，豪的这种自私行为同时也伤害了自己。

○对于自私激情的控制

"情感对于意志的影响，并不是和它们的猛烈程度或和它们所引起的性情的混乱程度成比例的；正相反，当一种情感已经成为一个确定的行为原则，并且是灵魂的主导倾向时，它通常就不再产生任何明显的激动。"休谟如是说。

的确，每个人都会在不同的时空出现激情，激情不可否认地能够激发人们有益的行为活动，一味地避免只能造成自身的压抑，令激情变质，只有将激情转变为一种原则或者是一种习惯的时候，激情才可能升华，并在合理的形式中继续的发展。

　　苏格拉底可以不时地享受宴会的快乐，他也一定会从自己的高谈阔论中得到很大的满足，但是他的一生中，大部分时间还是默默无闻地和妻子一起度过的；康德在他的一生中从未到过柯尼斯堡十英里以外的地方；达尔文在周游世界后，余下的时间都是在家里消磨的；马克思在经历了几次革命以后，在不列颠图书馆度过了他的余生。

　　对于豪而言，如果在他情感空虚的时候能够多些对妻子的问候、关怀，多些与朋友的倾心交谈，多些自己的兴趣活动；如果在他遇到心仪女孩儿的时候能够将内心的冲动变为友好的握手，将曾经的想象化成维持友谊的动力；如果在他激情迸发的时候能够把自私的占有换作无私的分享，把贪婪的欲望转为对结果清醒的意识。那么豪的这种自私激情就可以轻易化解了。

　　如同心理学家马斯洛所说，无私是心理满足，自私是心理贫乏。当人们将激情转化成各种合理有益的形式得到满足的时候，这种不良、自私的激情也就消失了。

3．一个幸福家庭中的赌注

> 世间有一种比海洋更大的景象，那便是天空；还有一种比天空更大的景象，那便是人的内心。
>
> ——雨果

　　窗外的雨一直在下，窗外的风将卧室门重重地摔上，我起身关闭窗户，感觉秋日的寒意，对面的楼里传来女人的哭泣声，摇摇头，不知女人为何而流泪，

　　已是深夜，却没有往日明月，我的手机在静谧的夜空响起，我拿起电话，电话那头是女人的哭声，知道了我是楚涵，却更是痛哭，

　　"告诉我你在那里？告诉我如何才可以救你？"断断续续的啜泣声中，我最终听清楚了，她是让我救她的丈夫，

　　第二天，梅子九点就到了我的办公室。一个憔悴的女人，一个苍白的女人，一个眼睛里仍有泪水的女人，她坐在我的对面，似乎有些体力不支，我建议她躺在我咨询室里的贵妃沙发床上，似乎有

一阵，在我的音乐声中，我感觉她已经睡着了。我轻轻地给她盖上我的围巾时，我看到了泪从她的眼角滑落，她闭上眼睛，诉说她的心事。

◎梅子的自述

我和老公青梅竹马。两家人更是有着深厚的交情。1999年我们在朋友和亲人的祝福下结婚，婚后的甜蜜此时想起还历历在目，我们是如此的心灵契合，我知道我们永远不会分开，我不敢相信如果有一天他离开我，我该如何活下去，老公是英俊的，也是很有事业心的人，我们一起经营我们的公司，一起上班，一起回家，幸福在我的眼里和心里，我在梦里也是笑的灿烂，睁开眼睛，我会看到他深情地望着我。

我们有了一个宝宝了，儿子是他的又一个宝贝，我们在别人的眼里是如此的幸福，令人羡慕。我渴望着我们会这样永远走下去，一起到老，一起牵手直到红尘淹没。

幸福为何不可以永久？我们的欢乐为何不可以永存？老公不知何时开始辗转反侧，不知何时开始紧皱眉头，不知何时开始都不再想碰触我的身体，不知何时开始看着我的儿子喃喃自语，老公给我的回答是压力大，累！我相信他，我尽量不再打扰他的平静，偶尔，他也会兴高采烈地给我们买礼物，带我们去高级餐厅吃饭，我想，自从我在家照顾孩子后，公司的一切都由他来负起重任，我理解他，我更心疼他，他的好心情没有持续很久，又开始轮回到一种忧伤。

有一天夜里，老公深夜回来，对我说，我们离婚吧，我有一种窒息的感觉，天轰然间倒塌。

老公说："我是为你好。"我哭笑不得，我得不到有力的解释，我也怀疑过，他是否有另外的女人，他指天发誓，眼泪流下的时候，我相信他是为我好。

"家里的财产我都不要，留给你和儿子。"

"告诉我实话，为何你要离开我？"老公的眼睛血红，我害怕这样的眼睛，曾经的爱意消失了，只剩绝望，

"告诉我真正的原因，无论如何我也不会离开你。"

"我赌球输掉了两百万，我和你协议离婚，那么至少还有东西留给你和儿子。"

我的爱人何时沦落为一个赌徒？我的爱人把我们辛苦挣来的钱如此轻易地挥霍掉？但是，我不可以指责他了，我要用我的爱来挽回我曾经的爱人。我要挽回我的家。

老公答应我不再赌了。可是，老公从此失魂落魄。当我知道昨天他还在偷偷赌球又输掉的时候，我不知该做什么了。他时常流露出想死的念头，我该如何呢？我该如何才可以找回昔日的他呢？

我静静听着她的故事。我只能对我的当事人做出心理支持和情绪调试，但是我告诉梅子，你不可以放弃他，你此时还是要继续给他心理的帮助，慢慢地融化他的失意，慢慢给他你持久和耐心的爱。此时他更需要你。

梅子有两个星期没有来咨询室了，我不知她是否还好，也不知她的家庭是否还在飘摇。

又是一夜风雨，我再次被电话吵醒，是梅子的，梅子哭着要我来她的家里。风雨的夜里总会有不幸的事情发生，我焦急地赶到她的家。这是我第一次看到梅子的爱人，他站在被风雨淋湿的高楼的边缘，梅子哭着坐在地上。

梅子的爱人说："我再也没有勇气活下去，我辜负了梅子，辜

情感之乱——女心理师和她的23个案例

负了她的爱，我无颜面对我的儿子，我无颜面对我们的父母，我停止不了这个念头，我总是期盼我可以把我输掉的钱赢回来，可越陷越深。我已经没有往日对足球的热爱，我总是在心悸地等待结果。我已经怕了，我绝望了，我没有力量再来控制自己，我只有离开这个世界，梅子你让我走，找一个更疼你的人，忘了我吧。"凄厉绝望的声音在这个风雨的夜晚更是让人心痛。

我说："请你冷静，请你看看你的梅子，请你看看她的悲伤欲绝，请你想想你的孩子，请你在这个时刻想想，如果此时结束你的生命，梅子要如何面对，她一辈子的伤痛如何平复？请你想想，你如果跳下去，梅子会不会也跟着跳下去？如果你还希望梅子好好生活下去，那么你也听听她的声音。"

梅子没有力气站起来，她摔倒在地上，伸出手臂，眼泪和雨水从她憔悴的脸庞滚落，只是不停不停说着："请你不要离开我。"

我看着梅子的爱人一步步从高楼的边缘走过来，抱起梅子，和她放声痛哭，梅子还是重复地说着："请你不要离开我！"这一夜，我的心情也难以平复，眼前总是出现梅子绝望而努力的重复，"请你不要离开我。"

第三天，他们夫妻一起坐到了我面前。对于梅子的老公的心理治疗也由此开始。

梅子的老公开始只是受朋友影响，他觉得自己有十足的把握，他说他了解足球。但是，一切并不是他想的那样如他所愿。足球场上的不确定因素太多，每场下的赌注也因为不甘心而逐渐加重砝码。他输的不服气，输的心浮气躁，他失去了冷静，失去了对足球的热爱，让自己陷入巨大的绝望中。

这时，我们需要去了解自己的不甘心。足球并不是依靠个人的

26

力量，是需要全体的配合，就像我们自己认为对足球的理解一样，没有十分的把握，没有绝对的成功。如果把热爱化为赌注，一切都失去了原本的意义。

梅子老公说："现在我没有什么不甘心了，我承认我无法在这个事情上改变一切，那么我就接纳。如果放弃赌球，也就没有什么甘心和不甘心了。"

但是，梅子老公对自己还有所怀疑。"我是否可以戒除赌瘾。以前我不止千百次地告诫自己，但是最终还是没有抵得住翻身的诱惑。我对自己也灰心失望。"

我说："你经历过最困难的时刻。那么这时，你是冷静的。当你有所摇摆的时候，想想那天晚上，想想日渐消瘦的梅子，想想儿子。也许他们是你戒除赌博最好的动力。当然，在这个过程中，战胜自己很难，但是你可以做到！只要你相信自己！"

梅子老公和我都在按照心理调整计划做着，他每天的行程都有条理地安排好。他的心情也会写在邮件中。我和他约定：在他克制不住想去赌博的时候，先和我来电话或者短信，无需掩藏自己还有那么些留恋，当了解真实的想法时，才可以更好面对自己的内心。

梅子对老公给予了巨大的支持，她不责怪他，而是激励他，这样他们之间原有的感情基础让他们更加恩爱，当没有了埋怨，没有了怒气时，夫妻之间的内心交流也更为透彻。

每次和我的谈话，梅子夫妇都是一起来，看到渐渐脸色红润的梅子，看到梅子的爱人渐渐恢复往日的神采，我再次感到爱的意义和爱的神奇。生命还是如此美丽，风雨之后不会还是风雨。

在梅子老公坚守三个月没有想去赌球时，我们终于可以停止密集的心理咨询。他能做到了，我相信他，他也更加相信自己。

后来我和梅子夫妻总会有一些联系，他们的生活已经回到从前，而梅子老公一直保持没有再去赌博，时间已经是两年过去。虽然我不能确定他是否永远不再赌球，但他已经做得很好。继续的努力和保持是我们共同的心愿。

◎梅子的案例分析

○从不自制到放纵

古希腊哲学家亚里士多德将人要避开的品质分为三种：恶、不能自制和兽性，他认为不能自制者总是出于感情而做他知道是恶的事，自制者则知道其欲望是恶的。事实上，当一个人屈从于自我欲望而在其行为上持续地从事对个体无意义，甚至是有害的活动时，我们将其称之为不自制或自制无能，此时个体所具有的仅仅是意见，而没有相对于这一行为的知识。

梅子的先生在赌球之初表现的即为不自制，一方面他清楚地知道赌球对于自我生活的恶性影响，并也努力去摒弃，痛恨自己，而另一方面却无法抵制成瘾性的欲望和令其满足的心性诱惑。当后者更为强烈的时候，赌球这一行为便无法自我控制，并持续进行，同时这种持续的进行也越来越严重地刺激着前者。梅子的先生在一段时期内便一直处于这种矛盾的情绪之中，在生活和工作中的表现就是：变得日益消沉、不自信、易怒、情感上丧失兴趣。

直至当对恶性的影响开始脱敏，努力的摒弃愈加徒劳，痛恨自己已成为一种习惯的时候，不自制就成为了一种放纵，从另一个角度来看亦是为了摆脱欲望所带来的痛苦结果。此时他所追求的快乐已然过度，自身也深深陷入成瘾的行为之中而忘却了其后果的严重性。最直接的表现就是向梅子提出离婚的请求。

○苏格拉底的自制

放纵者都不存在悔恨，因为他们所做的是他选择要做的事，然而不能自制者则总是悔恨。亚里士多德是这样区分不自制和放纵的。

经济上的窘迫放慢了梅子的先生放纵的脚步，最终的结果令他逐渐清醒，同时妻子的宽容和真诚的爱也让他开始悔恨，直至想到了去结束自己的生命，最终是梅子一次次的呼唤制止了他的这种不理智行为。他体会到了时隔已久的温暖，在面对自己所爱的人和令他深陷窘境的欲望之间，他做出了最后的选择。

苏格拉底是一位伟大的智者，同时他也以他的自制著名，他很少饮酒，但当他饮酒时，他能喝得过所有人，从来没有人见到他醉过。放纵始于不自制，不自制的行为是能够被我们所认得的，一些引发不自制的行为也是可以避免的，就如同苏格拉底饮酒，同时如果不自制的行为已经发生，与其一味地悔恨结果，不如尽力降低其发生的频率，减缓其过程中的强度，将自我的注意更多地集中到其他对于工作和生活有意义的事件当中。

放纵和不自制虽不是好事，但不是过度的、持续的，偶尔为之也无可非议，更重要的是对自我的信心和肯定，这样才能去调控生活朝着快乐和幸福的方向发展。

4. 爱上同父异母的哥哥

> 爱情并不寻求超越自身的原因，也不寻求限度。爱情是其自身的果实，是其自身的乐趣。因为我爱，所以我爱，我爱，为的是我可以爱……
>
> ——圣贝尔

黄昏，六点。

上海的黄昏很美丽，霓虹闪烁。从我的窗外望去，高楼林立之间的延安高架，来来往往的车河，弯弯曲曲组成了黄昏夜景，让我最为陶醉。我看不到开车人的神情，但是我知道他们有自己的方向，到达自己想要去的地方。

丫丫来了。她坐在我的对面，神情似乎很悲壮。她要我把窗帘拉开，说喜欢看夜景。

我说："你和我一样。我也喜欢看上海的夜景。"她稍稍有些放松了，但是眼睛一直盯着窗外。

我说："你可以躺在这个贵妃椅上，就像你置身这个美丽的夜色中一样。"她躺下了，身体优美的曲线和外面的车河更是让人感到这个黄昏的不同。

"你有什么要告诉我吗？"
"有，很多很多，不知从何说起。"
"那么，你想到哪里就说到哪里。"
丫丫的故事很零乱。但是我最终知道了整个故事。我说，你愿意我把你的故事写下来吗？
她说："愿意，只要不写我的名字就可以。我一直想写，但是我无法静下心来。这是一个关于两代人的爱情故事。"

◎丫丫的自述

我曾经有一个看似很幸福的家。我幸福地长大，我的父亲英俊且成功；我的母亲贤惠且温淑。我的不幸和痛苦的开始来自于将我的恋爱告诉父母。

在我大学即将毕业的时候，当我把我和天明的恋爱满怀幸福地告诉父母并且期待他们祝福的时候，我以为他们会极力赞成并鼓励，谁知道却引起父母的震怒，甚至慌乱。在他们说不清楚任何有力理由时，我愤然摔门而去。我找到天明的时候，他也告诉我，明姨也是极力反对，没有理由，只是哭泣。我们决定不顾一切，我们要相爱！

一星期后，接到父亲的电话，我仍然在生气。我不理解，父亲对天明就像亲生父亲，怎会在这个时候毁灭我们的幸福。父亲告诉我母亲心脏病复发，现在病危，希望我到医院去看望她。我慌慌张张地飞奔到医院，在病房门口，我看到忽然苍老的父亲。"爸爸，

31

这是为什么？母亲一定不会有事的。对吗？"

父亲轻轻抚摸我的头，"丫丫，有些事我早该告诉你的，希望你不要怪我们。"于是，我像翻一本古老的书，从头读了父亲、母亲和明姨的故事。

父亲从小是由刚强的奶奶一手抚养长大。在那个艰苦的年代，父亲和奶奶艰难地活着，奶奶以捡破烂来维持他们的生活。

奶奶有一双三寸小脚，就这样颤巍巍地带着父亲长大。到父亲念书的时候，奶奶不知该如何交出学费，只有望着父亲乞求的眼睛流泪。父亲几乎放弃读书的时候，邻居的马大爷向父亲伸出温暖的手，他愿意资助父亲上学。马爷爷说："我也只有春这个丫头，没什么指望，我希望你长大后能有出息。"

父亲没有辜负马爷爷的期望，一直成绩优异直至参加工作。父亲英俊潇洒，在一次偶然的机会父亲结识了唱戏的明姨。美丽的明姨和英俊的父亲一见钟情，深深相爱，直到父亲将明姨带回家。奶奶扔掉手中的拐杖说："我绝不会让一个戏子进我的家门，再说，你应该知道知恩图报的道理，你不要忘了是谁让你有了今天，我到今天只认一个媳妇，那就是春！"

父亲以为奶奶的固执终有一天会瓦解，私下里仍和明姨秘密来往并准备结婚。那时的父亲已是当地小有名气的干部，奶奶几次叫他回家，他以工作忙推掉了。直到有一天，奶奶服毒自杀住进了医院，父亲终于知道了奶奶的决心，自古忠孝难两全，而我的父亲在奶奶的固执中屈服，最终娶了邻居马大爷的独生女儿春，我的母亲。

母亲大父亲两岁。母亲并不美丽，相貌平平，到中年以后又发福很多。母亲从小和父亲一起长大，她像姐姐一样疼爱着父亲，照顾着奶奶，母亲不知道父亲是否爱她，但她知道，父亲一定会娶她。

父亲和明姨的事闹的人们都知道，母亲也知道。母亲见过美丽的明姨，羡慕她的身段，还有那双水汪汪的大眼睛。母亲以为今生只能视父亲为弟弟的时候，奶奶以性命相逼最终让父亲娶了母亲。

婚后的日子说不上甜蜜，母亲甚至看不到父亲的笑脸，父亲对她的客气和彬彬有礼，母亲的感觉他们之间似乎还不如朋友。他们不怎么说话，更谈不上吵架。随着父亲的地位慢慢升高，他们之间更是相敬如宾。

母亲默默地做着妻子应该做的每一件事，父亲在忙碌了一天的时候，母亲总会将洗脚水端至床前，父亲看着母亲的身影总是深深地叹息。吃饭的时候，母亲总会做父亲最爱吃的菜。父亲稍有不适，母亲就会惊慌失措地给父亲抓药。每晚睡前会将父亲的衣服整齐的折叠好放置床头，父亲的衣服总是散发着洗衣粉淡淡的清香。家里的一切母亲总是打点得井井有条，精心照顾两家的老人直至他们相继离去。

母亲终于得到父亲的时候，是从明姨的儿子天明满月酒醉回来以后，第二年我就出生了。而我的父亲自从与母亲结婚的第一年起，总在冬天时从外面穿回家一件毛衣，一年一件，直到整整二十件。母亲每次在清洗它们的时候，总是若有所思，甚至流泪。

明姨在失去父亲的时候曾一度伤心得昏死过。父亲与明姨分别的那晚四目相对，泪眼朦胧。两个月后明姨告诉父亲说她准备结婚，婚后不久就生下了天明。一年后，她与丈夫离婚，至今独身一人。

父亲没有忘记帮助明姨和天明，而他似乎感觉天明与自己那样的投缘。明姨在下乡演出时，他总会把天明带回家和我一起玩。

母亲和父亲几乎同时感觉到我和天明的相像，而明姨总是看到父亲和天明在一起的时候，若有所思。终于有一天在父亲的追问下，明姨泪如雨下地承认了，天明就是父亲的亲生儿子，我同父异母的哥哥。

明姨对父亲说："我一生都不后悔，至少你还留给我一个可看、可怀念的小人儿，我才有勇气活下去。"

后来我泪留满面地走进母亲的病房。母亲很虚弱，我抱住她。母亲说："妈妈累了一辈子，终于可以走了，我希望你不要怪我，更不要埋怨你的父亲和明姨，他们也是好人，苦了一辈子。照顾好你的父亲……答应我！"

母亲终究没有在我的哭声中留下，与世长辞。我父亲更是痛哭，我没有见过父亲如此伤心过，也许我的父亲也爱我的母亲吧。我无法接受这一切的人生突变，毕业后选择留在上海，没有再回去。而天明看着我的时候也只有眼泪，那是复杂的眼神，就如同我复杂的心理，一年后他去了加拿大。

五年过去了，我已结婚，生了一个可爱的小女孩，我的丈夫很爱我，但是我却始终没有再见父亲。我还是没有办法面对他。可是我现在已经体会为人父母的酸甜苦辣，我想他，可是我没有勇气打电话。

听完丫丫的故事，我的心底有一声叹息。

我问："你想念父亲吗？"

丫丫哭了，说："想，但是很矛盾。"

我说："如果你想念他，那么鼓起勇气去找父亲。"丫丫沉默很久，眼泪如雨水般滑落。

我说："母亲是最伟大的人，她在临终前对你说的话，有嘱咐，有愿望，有宽恕，更有着对你父亲一生的爱，那么和你母亲一样，尝试着去爱和原谅你的父亲，也许你会理解母亲，理解母亲对父亲的爱，你也不会如此不安和矛盾。"丫丫哭得很大声，而我知道，她已经知道该怎样做。

一个月后，当春天的脚步走近上海时，一个温暖的午后，丫丫把自己可爱的小女儿安顿好，丈夫握着她的小手，她拿起了电话，父亲苍老的声音从电话那端传来，丫丫含泪对父亲说："爸……你好吗？你可以来上海看我吗？带上明姨好吗？……"

丫丫的故事以最美好的方式结束。我想象得到丫丫父亲的激动和开心，我感受得到丫丫此时内心的宁静。我的眼睛有些湿润，但我和他们一样开心。窗外依然是黄昏夜景，丫丫坐在我的面前抱着她的女儿，眼里有泪，嘴角含笑，她的丈夫坐在旁边只是静静地看着她们，我想这又是另外一个爱，另外一个幸福的故事，而幸福永远在我们每一个人心中。

◎丫丫的案例分析

○与理性、道德观念冲突的爱情

现在生活中理性以外的主要活动是：宗教、战争和爱情。这些活动都是超理性的，但爱情并不是反理性，这就是说，一个有理性的人能够理智地去享受爱的存在，哲学家罗素如是说。

更确切地讲，爱情之中是存在理性的，同时也具备一定的超出理性范围之外的，是理性无法掌控的活动，有理性是一个人能正确看待爱情的充分必要条件。

同时，理性也是道德一般准则的根源，是形成所有道德判断的根源。而且只有与自我道德观念相和谐，爱情才能够持续良好地发展。然而，当理性的道德观念和爱情发生冲突，甚至足以令爱情无法继续的时候，爱情之中超理性的部分又如何与之和谐呢？这正是丫丫所遇到的问题。

丫丫和天明从小青梅竹马，爱情的意识随年龄的增长逐渐形成，直至丫丫认定了天明就是她的另一半。她是自由的、愉悦的、幸福的，她完全沉浸于此。当她满心欢喜将这份快乐与父母分享的时候，却遭到了他们极力的反对，在她还不明缘由的情况下，母亲病危，这时父亲说出了一个深埋已久的秘密——天明竟是自己同父异母的哥哥。丫丫无法接受这突如其来的一切，此时她爱情之中的超理性部分开始凸显出来，即便是理性已经清楚地告诉自己这是一个无法改变的事实，她仍一次次地追问，探求其中的真相，内心在爱与不爱之间反复挣扎。随着越来越多的往事一幕幕出现在她面前，超理性之中对爱情的幻想和希望被一点点地磨灭殆尽，最终所能做的就只能是放弃。

如同事实的无法接受，超理性中的压抑也不能被这些理由完全的释放，由此对母亲离世的痛苦被一下子升华为对父亲、明姨的不理解和怨恨，丫丫开始逃避他们，她选择留在了上海，不与他们联系。

○丫丫的理解
五年之后丫丫已经有了自己的家庭，美丽可爱的女儿和爱自己的丈夫，曾经的压抑早已不在，不理解和怨恨似乎只剩下了一种不明缘由的习惯，当然丫丫把这种习惯当成是缺乏勇气去联系的一个重要原因。

在我的耐心引导下，这些莫名的不合理情绪被一点点明朗化，当丫丫拿起电话听到父亲熟悉的声音时，她已经理解了自己的变化，理解了母亲的宽容，理解了父亲的苦衷，也理解了明姨的无奈，更重要的是理解了自己的内心状况。

当爱情不得不被压抑，当爱情受到不可抗力而无法继续的时候，在无奈、痛苦、悲伤之余，自己所能做的更多的就应是尝试在平静的心态下去理解，理解整个事情的过程，理解他人，理解自己。

5．幸福可以重来

> 尽管我遭遇过许多挫折和不幸，但我仍热爱生活，我是为了生活而热爱生活。说真的，我仍准备开始我的一生。
>
> ——陀斯妥耶夫斯基

吉祥是朋友介绍来的。我们第一次约好是星期四见，可是在那个星期的第一天她却打来电话要提前来咨询室。

我在接待厅迎接她。吉祥很漂亮，高挑的身材，小小的脸庞，薄施脂粉，黑色的套装使她的皮肤显得更为白净与高贵。她的笑浅浅的，犹如那嘴角浅浅的酒窝，忧伤却动人。吉祥说："早听说过你，这次是真的需要你帮助了。"

那天上海的清晨还是阳光明媚，到了午时却是大雨滂沱。我起身开了房间的灯。柔柔的灯光照耀着我桌前的玫瑰，吉祥对我笑着说："你这里感觉很温馨。"

吉祥问："你这里可以抽烟吗？"

我说："可以。"

我点燃香烛，整个房间被柠檬的味道充满。她看着莲花下的小鱼游动，不知从何说起。吉祥的心理治疗从此开始，历经三个月。

每次吉祥都会抽很多的烟，每次都在柠檬味的香烛下落泪。吉祥的心事每次都让我震撼。而我希望你——吉祥，不再流泪。

◎吉祥的自述

我来上海八年了。在单亲家庭里长大，我从小渴望父爱，但又怕接触男性。我高中毕业的时候，在我们的城市做了模特。每天很辛苦，但是我渴望有一天我站在最大的 T 形台上绽放我的美丽。我在灯光照耀下看到了伟，他坐在我的眼前，那时我是他的天使。他在演出结束的时候送我鲜花，对我说："你跟我吧，我会让你走红。"

以后的每一天他都来看我的表演，我为他的真诚所感动。渐渐地我答应了和他约会，直到红酒烛光里，我给了他全部。为了和他在一起，我和他来到了上海。他没有让我走红，甚至不让我再工作。他说，我是他的女人，不可以再让其他人欣赏我的美丽。在我的心里，女人最大的愿望也就是有一个疼爱自己的老公和温馨的家吧，我甚至喜欢他霸道的语气。

婚后起初的日子是幸福的，每天他都会早早回来，我们一起晚饭，一起散步。如果他很忙有应酬的时候，我会在沙发上等他回来。他总是会不停不停地吻我。那时的爱意是浓浓的，那时上海阴冷的冬天都让我感觉心很温暖。

男人在外面总是有很多的诱惑，虽然他不是一个帅气的男人，但他是一个有钱的男人，我以为拥有我他会满足。婚后两年，他衣服上的香水味已经不是我的了，他常常躲在角落里发短信，我以我的沉默来争取他的心，他索性当我面给别的女人电话，我只是看看他就回房间了，他会突然就冲进卧室扔掉我手中的书说："你为何不在乎我?"我真想对他说，我在乎你! 但是你让我失望。我却什么也没有说，只是看着他。

　　他会说："你总是这样冷冷的吗?"我不愿意回答，但是在心里，我说是你变了，我没有变。每次他对我的提问我都不回答，总是用含泪的眼睛看着他。但我的内心却和他对话，只是他听不到。他给我的第一个耳光打过来的时候，我只是把嘴角的血迹轻轻擦干，我的心在一点点滴血。

　　心不再平静的时候，日子也是越来越苦涩。

　　他习惯了打我耳光，也习惯了狠狠踹我，每次我都会挣扎着爬起来，让自己瑟瑟发抖的身体尽量平静。让自己的泪一点点忍回去。我仿佛看到了曾经的父亲，我又是母亲的翻版，我重复着母亲的不幸。

　　我想离婚，可是我有了孩子。我告诉他的时候，他有瞬间的激动，他说，我不再打你了。他是没有再打我，可是他却深夜不归，我也不愿意问他，只是考虑着孩子要还是不要，婚是离还是不离。孩子在我的犹豫里一天天长大，当我感受它第一次胎动的时候，小小生命给我的震动让我感觉这个世界还有属于我的幸福。

　　一天夜里，我被外面的笑声吵醒，我看到了他和另外一个女人在客厅沙发上挣扎，女人惊恐地望着我，而他挑衅似的看我，地上已经凌乱地扔着他们的衣服，我捡起脚下的女人黑色性感的内衣，轻轻放在另一边的沙发上。我走进房间的时候，孩子在我肚子里踢得很厉害。那女人说："她是你老婆啊？她不生气？"他对着我的背影叫嚣着："你要一起来吗？"

关上卧室的门，我沉重的身体再也无法负担，我滑落在黑暗里无声痛哭。我以为我的忍让会让他回心转意，我以为我的孩子会让他再次珍惜我们之间的婚姻。我到底错在哪里？

孩子出生两个月时，他因为经济的原因，判刑六年。他走的时候对我说，你别想离婚，你别想离开我。

为了生活，我出来工作了。可是对我来说，工作又太陌生。我努力在调整自己，可是我发现我不在状态中。我会很健忘，我会夜夜失眠，我会不知我自己在想什么。也有男人喜欢我，我只是漠然地转身离去。有时，我都不敢面对我自己，我对爱有着渴望但是我却极力回避，我怕很多很多，怕我爱了，怕我受伤了，怕我就是爱了，他也不会放过我。

此时的我，只有一个可爱美丽的女儿，她是我心理唯一的依靠。可是我还是落寞孤独，甚至恐惧。他还有两年就回来了，我该如何？我该如何面对？

吉祥和我在第三次咨询的时候，我们共同设定了目标：在工作中先找回曾经的自信，没有什么比独立更让自己有安全感。

面对自己真实的内心，吉祥一天天知道自己要什么：她依然渴望有人来疼爱她，给她家的温暖，给她全心属于男人的呵护。当我们清晰了解自己对爱的渴望时，不是回避，是积极的追寻，往往让我们再有机会得到想要的幸福。

四月，春天走近的时候，吉祥可以安然入睡。六月，吉祥已在工作中升任主管培训师。七月，吉祥平静地说，我离婚了。来年，吉祥再婚，离开上海去加拿大定居。

吉祥临别时对我说："我要勇敢找寻我的幸福，不再被动。我学会了和爱人去交流，我不会再像从前那样只会对自己的心说话了，不会把自己的爱藏于心底了。楚涵，我还会哭，但是这次是幸福的眼泪。我还会抽烟，因为我在烟雾缭绕里感受幸福。也许我还会悲伤，但是我会记得：风雨艰难永远是昨天，我会怀念你和我一起走过的日子。"

我和吉祥拥抱，在她的面前，我显得很矮小，我说："吉祥，美丽的女人可以拥有幸福，只要你还敢去奢望，那你不会只是站在幸福的边缘。伸出你的手，感受温暖，你的心也会被对方所融化，因为你知道，你同样也期待化为水……"

◎吉祥的案例分析

○面对不幸的忍耐

英国哲学家罗素认为，人们的不幸往往起始于"自我专注"的过于严重。具体地讲，过度的"自我专注"将可能引发产生错误的人生观、错误的世界观、错误的道德伦理观和错误的生活工作习惯，并最终令个体无法客观地、正确地看待并预见周遭环境的变化和发展，丧失渴望幸福快乐的能力，直至不幸的来临。

吉祥的不幸遭遇同样来自于此，她渴望在万众注目下展现自我的美丽，并将许诺能让她走红的伟看成了自己的天使，她喜欢烛光红酒的情调，喜欢伟对自己的真挚的关心和自私的占有欲望。事实上这些也许都是每个女孩身上所具有的，是每个人虚荣心的体现。然而，吉祥在更多的关注自我感受之时，却忘记了去仔细认真地观察评价她的另一半——伟，更或许在自我愉悦情感的笼罩下她已无法再真正客观地去认识伟了。直至结婚的那一刻，吉祥仍沉浸在幸福之中，而丝毫没有感到那缺失的部分即将带给自己的不幸。

　　得到吉祥的伟渐渐淡去了对妻子的新鲜感和兴趣，他注意的重点开始更多投注到其他女人身上。此时原本个性懦弱的吉祥，也只是用沉默这唯一的方式来表达自己对家庭和对伟的那份情感的珍惜。然而，这种方式不但没能达到吉祥所愿，反而让伟越加不顾和放纵，从频繁的与女人联系，到和吉祥冷冷的对峙，最后发展成婚姻内暴力。在极度心痛之时，吉祥想到了自己的父母，想到了幼时家庭中的争闹和暴力，意识中她渴望这种家庭的不和谐在自己身上不再延续，幻想着幸福能够重新开始，事实上她的一些处理方式和想法隐约中都呈现着母亲的影子，这也让她迟迟无法下定结束婚姻的决心，直至怀孕。

　　伟的确开始不再打吉祥了，这使得吉祥一度以为他们爱情的结晶可以唤回丈夫远去的心，情绪有所缓解后，她开始了另一份的喜悦，期待着唯一希望的降生。如最初一样，她还是不能认清楚伟，哪怕是一丝一毫也好，她不得不还要继续承受由此带给自己的痛苦。伟把另一个女人带回了家，在她的面前和那女人调情。吉祥不明白这一切，觉得自己并没有做错什么，可是她也没能认识到自己做的是不是对的，或者说错了的应该是谁。就这样，直到伟违法后被囚禁，他们的婚姻在形式上依然还在延续。

○勇敢地结束不幸

不幸时所失去的那些本可能获得的事物，以及对那些事物的天然热情和追求欲望，便是幸福最终所要依赖的东西。

的确，想要获得幸福就应当将这些失去的事物和那份热情寻找回来。对于吉祥，她所失去的都有些什么呢？这要从最初遇到伟开始，她失去了自己的工作，或者说对工作自我努力的决心，接着，她失去了自认为的婚姻所能带来的幸福，同时还有对伟的情感，以及自己的尊严，最后，在只剩下痛苦和恐惧的时候，她几乎完全失去了自我。

接下来便是如何寻找。首先，必须要勇敢地放弃某些曾经向往的目标，吉祥这样做了，她放弃了她曾经想要的爱情，放弃了她曾经想要的家庭，放弃了她曾经想要的幸福，她完全离开了伟，离开了她的家，结束了她的婚姻。之后，是去发现自己新的希望，吉祥想到了她的孩子，想到了自己依然是那个渴望有人来疼爱，给她家的温暖的小女孩。最后，就是为了这些希望去做些什么，吉祥开始了一份新的工作，开始了一段新的感情，开始了一个新的家庭。

当吉祥做到这一切时，她的不幸便已结束了，幸福也自然由此开始。

6. 丢失的父爱——单亲家庭心理问题

> ……爱的强烈要求在人生中占有公认的地位。但
> 是，爱是一种无政府力量，如果放任自流，它是不会安
> 于法律和风俗所规定的范围的。如果这事与孩子无关，
> 那倒算不上什么大问题。但这事一旦与孩子有关，我们
> 就会处于一个不同的范围，在这个范围里，爱不再是独
> 立存在的，因此，我们必须有一种与孩子有关的社会道
> 德，因为爱不但对自身有益，对孩子也是如此……
>
> ——罗素

阴雨的天气已经持续了一周，上海已经进入阴冷的冬季。

小红坐在我对面说："这样没有太阳的日子让我透不过气来。"

我说："是啊，我们的情绪很容易受天气的影响，但是我们需要及时调整哦。"

小红嫣然一笑了："我也只是说说。"

小红在我这里做心理咨询已经有半年了，每周的星期四都会如约而来。我说："你现在已经很好了，我是否可以把你的故事写下来？"小红笑着答应我，她说看了我很多文章，也希望她成为我故事中的女主角。从这周开始，小红已经不用来咨询室看我了，我们约定彼此不要断了联系，需要我的时候，电话联系。

我很久都没有写自己的案例了，不是不想写，是没有时间。最近我的工作室在搬家，也更忙碌。写小红的故事是源于我所在的心理咨询版块——如霜美女提出的讨论：父母离异给孩子会带来什么？而小红的一切都源于父母的离异。

第一次看到小红，惊讶她的美丽身材和姣好面容。而与她身边的母亲看来就像是姐妹，难怪小红这么美丽，是因为母亲的遗传。

小红初到我这里的时候，已经被其他医院诊断为严重抑郁症。而她的母亲带她到我这里，只是想作一些尝试，是否可以让她重新找到生命的意义。

虽然面容苍白，虽然小红说话时一直流泪，但她还是那样动人。小红自杀过两次，每次都是为了爱情，而对方都是给予她承诺的已婚男人，他们共有一个特征就是：已近中年。

我和小红的开始是良好的，因为在来看我之前她已经看了我的资料，也看了我很多文章，她说喜欢我的风格，喜欢我照片上的笑容。

◎小红的自述

在我十六岁之前，我从没有看到过父亲。而我那美丽的母亲提起父亲来总是说他已经死了。我再多问一句，妈妈不是哭就是大发脾气。于是，我再也不敢提及父亲。

在我十六岁那年，我看到了自称父亲的男人。我慌乱而不安，我不知该和他说什么，因为在我心里，他在我出生前就死了。我是那么渴望父爱，当父爱晚到了十六年，却那么不真实。

46

父亲给我很多钱，要我悄悄存起来。他叫我不要告诉母亲，而我做不到。很久，我心里都在犹豫是否要告诉母亲。当我终于忍不住问母亲："为何你说我父亲已经死了呢？"

母亲失去了往日的娴静，她慌乱，气愤，歇斯底里般地大声说："他就是死了。"

我说："他来找我了。"

母亲跌坐在地上很久没有说话，最后细细地说出几个字："好吧，我告诉你我和你父亲的故事。"

母亲和父亲相爱三年后结婚，母亲认为她很幸福，嫁给她最爱的人，父亲很帅也很有前途。

结婚后三个月，母亲就怀孕了。在母亲发现父亲有外遇的时候，已经怀孕九个月。母亲悲痛地离开了父亲，她完美爱情的终结也让她对父亲失望，也对所有男人失望。

父亲失去了母亲，并不是很开心。在母亲生下我四个月的时候，父亲找到母亲说他错了，希望可以得到母亲的谅解。母亲含泪看着幼小的我，又看了看眼前这个曾经深爱的男人，最后决定还是回到父亲身边。

我们一家三口的日子并没有过多久，父亲又经不住诱惑和其他女人发生了婚外情。这时的母亲倔强得连眼泪都没有，再次毅然地离开了父亲。她再也不接受父亲的忏悔，再也不相信父亲的承诺，最终带着我一人生活。这一次父亲的出轨，彻底粉碎了母亲对父亲所有的爱，彻底毁灭了母亲对于男人的信任。

于是，在我稍稍懂事的时候，母亲告诉我父亲死了。在我告诉父亲已经来找我的时候，母亲美丽的眼睛因为不用掩饰而充满了仇恨。十六岁的我听到的是母亲对父亲的诅咒，母亲对所有男人的嗤之以鼻，男人没有一个好东西。十六岁的我在母亲痛苦的逼迫下做出承诺：如果你再见他，就不要再见我。我说得到也做得到。我相信母亲，她是个说得出做得出的人，我内心的复杂没有人可以了解。

小红回忆起从前，身体有些颤抖。我给她倒了一杯热水，来暖暖她的嘴唇和心。小红的回忆断断续续，而我在整理她的故事时，还清晰地记得她的神态和眼泪。

我答应了母亲，我不再见我的父亲。可是，他还是来找我，我狠狠地对他说："你不要再来了，在我需要你的时候，你却抛下我不管，现在你来又有什么意义呢？"

父亲只是说："我知道我错了，而我只想看看你。如果你恨我，我也理解。只是别拒绝我看你。"面对父亲期待的眼神，我不知该如何回答，只是狠下心来，转身离去。而我在转身的那一瞬间看到了父亲的眼泪，我也哭了。

我和父亲偷偷来往着，父亲给我的存折我都好好封存着。父亲生意做得越来越好，他现在很有钱，但他还是单身一人。父亲说他的一切都是我的，而我心里对他的怨恨越来越深刻，我不想原谅他是因为我的母亲，我不想见他，但又做不到，我可怜他。

小红说这话的时候，看着我，眼睛里有着泪光。
我说："其实，并不是如此，对吗？你也爱你的父亲。"
小红说："我说得很乱，对吗？父亲和母亲并不是我生病的重要原因。"

我说："小红。别在意你现在回忆什么。你现在的一切都和你的童年和你的家庭有关。没有关系，你想到哪里就说到哪里。"

小红已经习惯躺在沙发上说自己的故事，她说起了她第一次的爱情。

我在十八岁的时候已经收到很多的情书和鲜花了，我知道自己很漂亮，可我不喜欢同龄的男孩子。在我慌乱不安的年纪，在我也搞不清自己想要什么的时候，我遇到了我的第一个男人，他是我的舞蹈老师，他是个已婚男人。

老师身上所散发的气息是我喜欢的，成熟、稳重而温馨。他对我总是微微地笑着，却严格地要求着我。对他的感觉很模糊，某种东西在我心里流动，我在渴望、期待着什么，又或者深深排斥着什么。有时，我会妄想这个男人的手来抚摸我的身体，有时，我又会听到母亲冰冷的声音说男人可怕。我在不知所措中却等到了男人的吻，而那是我的初吻。终于有一天，我们都在排练厅的时候，我在镜子中看到了他深情的目光，他的手穿越我的发丝一直到白皙的脸颊，最后落在我的嘴唇上。这时，我感觉自己的心都要跳出来了。我发现自己无可救药地期待，期待他继续。他转过我的身体，我看着他，这是我最勇敢的直视，而我为此付出了沉重的代价。

我和老师开始相爱，地下恋情开始的时候很甜蜜，也很兴奋。我几乎忘记了母亲的教训。我执著、隐秘地为这个大我十五岁的男人付出了一切，包括我的身体和尊严。我开始不满足于地下的恋情，我希望他可以娶我。当我告诉他我的想法时，他含糊其辞。我知道他不想或者不能给我想要的未来时，我想过离开，但我始终都不知自己在留恋什么而一直追寻着。我发现他越来越逃避我，我的情绪也开始不安。我不甘心，他就此抛弃我。

终于有一天，他经不起我的诱惑，答应我来他家里看他。在他的家里，我看到了他妻子和孩子的照片。我心中妒忌的火焰片刻燃烧起来。我故意留下了自己的内裤。我不知道自己做这些是为了惩罚自己还是惩罚他，或者毁灭他的家庭。

他的妻子发现了我的东西，但她不似我的母亲那样毅然离去，她没有离开这个男人，甚至在和我对话的时候都那么地冷静。她告诉我：你还很年轻，你最终会明白我为何要守着这个背叛我的男人。他的妻子让我看到了他们夫妻携手面对我。我忽然失去了任何动力。原来，我不过是这个男人生命中的插曲。我微笑着对他妻子说我根本不爱他。

和他妻子对话的第二天，我和他最后一次见面。我准备好了小刀，我微笑着问他，你还要我吗？他说："我妻子已经知道了，我再也不能对不起她了。"我说："那你对得起我吗？"男人说："对不起。我给你带来了痛苦，但是希望你找一个属于你的男人吧。你很漂亮也很年轻，你会有一个爱你的人。"我痛苦地说："这是我的事情。你把我的一切都毁灭了，那么就让我们一起毁灭吧。"

我用小刀在他的面前割腕了，他慌乱地把我送到医院就从此消失了。而我也失去了找寻他的毅力。这时的我伤痕累累，在我放假见到母亲时，我一直掩藏自己的伤口，我清晰地记得母亲的话：男人不是好东西，我和母亲一样愤恨这个世界上所有的男人。

小红这时抬起头来对我说："我是一个知错不改的人，我都不知道自己为什么。三年后，我又爱上一个已婚的男人。"

我说："小红，其实你是一个积极的女人，你在追寻着这个世界上每个人都想要的一种情感。只是，每次你爱的对方是不合时机的，所以给你的心灵带来伤害。而你找寻比你大的男人，类似于父亲一样的男人时，潜意识中你在找寻那丢失很久的爱——你的父爱。"

小红说："也许是吧。"

毕业后，我找到了一个教授舞蹈的工作。我的心灰灰的，就像冬天上海阴雨的天气。尽管春天温暖的阳光照耀着我，我还是那么的不快乐。这时，我又认识了一个小女孩的父亲。这个男人现在想来的感觉真像我的父亲。这个男人总是陪他的女儿来学习跳舞，耐心地看着自己的宝贝女儿。当孩子伤到脚的时候，我看见了这个男人的焦急和心疼。我以为孩子和他都会放弃舞蹈的时候，他又牵着小女孩的手来了，看到他们慢慢走近我，我突然很快乐。

我知道，他的妻子在国外学习，是他一个人照顾着自己的女儿。我欣赏这个有责任心的男人，羡慕这个小女孩，她的父亲给了她最重要的浓浓亲情。有一天，他约我吃饭。吃饭的时候他说出了自己的想法，因为他的工作很忙，希望我做孩子的家教老师，重要的是教孩子舞蹈并且付我高薪。其实，我根本就不缺钱，我父亲给我很多钱，而且他给我买了房子，我告诉妈妈说是我租的。母亲忙于自己的生意，没有怀疑我，她自己也是一个很有能力的女人。我答应了这个男人的请求，也许在我心里也期盼和他在一起吧。

和他的相处平和而温暖。我已经长大了，对于男人我虽然没有早先那样愤恨，但我还是有一定的戒心。而这个男人慢慢地走进了我的内心，他像关心自己的小女儿一样关心我，体贴我。有时，他会捏我的鼻子说：小傻瓜。我却喜欢得不得了。有一天，他回来得很晚，小女儿已经睡去，我也睡着了。他轻轻地给我盖上他的衣服。我闭上眼睛，眼泪刷的流下。

我发现自己爱上了他。这个男人眼里有着柔情，却永远不说什么。我们就这样默契地互相关注着对方，没有谁敢再上前一步，我更不敢。这样的日子有了一年半。终于这个男人告诉我说：他们全家移民去加拿大。我笑着恭喜他，而我的心在滴泪。从此，我又失落了。

他走了。我的情绪越来越低沉，我不想做什么了。只是拿着书发呆，每次和母亲的见面也恍恍惚惚，母亲关心地问我怎么了，我怎么能告诉她失落的心是因为对男人的爱。我说，我也不知道。

我开始失眠，夜里整晚都瞪着眼睛，我害怕极了，我怕自己会就此崩溃。失眠的日子，我的思绪总是回到过去，想到母亲父亲，我的第一次的爱，我第二次没有发生的爱，我忽然觉得生命没有意义，我这是为了什么？为何我总是爱上已婚的男人？生活的意义就是让爱错位？是我的错？那么我怎样才可以重新来？我认为一切都结束了，我甚至也想结束自己的生命。我整日胡思乱想，朋友也不见，工作也不想找，我关在房间里一个月后，在网上看到了关于抑郁症的介绍，我想自己得了抑郁症吧。

后来，我觉得这样很可怕，于是，我尝试着让自己走出去。我看了医生，吃了一些药，感觉好一些。于是，我又开始工作。我有资金和条件成立自己的舞蹈工作室，我请来专业的老师，感觉生活又有了些生机。我麻木地工作着，不去想未来，却总是陷入深深的回忆。我感觉自己不再似从前那样美丽，可这又能怎样呢。

我在网上聊天的时候认识了一个男人。这个男人有着磁性般的嗓音，重要的是他和第二个男人同名同姓。因为这个原因，我们经常聊天，渐渐我习惯了告诉他我的心事。我不想知道他是否已婚，我害怕我又爱上已婚的男人。我只是告诉自己，找一个人聊天而已。

他主动提出见我，我同意了。阴雨绵绵的天气，他的出现给我带来了片刻温暖。他是高大帅气的，站在雨里的样子到现在我都记得。我们像老朋友一样吃饭、牵手、拥抱、上床。这是我人生中第一次和一个男人快速上床。我疲惫的身躯，和干渴的心灵在这个夜晚得到释放。那时，我忘记了一切。我甩甩头，告诉自己要放纵，这个时刻什么也别想。

当晚，我一个人回到家的时候，我没有想象中的快乐和解脱，一切又都回到了现实。和他的故事继续下去，还是停止，我不知道。

以后的日子没有他的消息，我笑着告诉自己，只是经历一夜情而已。我在网上也没有再看到他，我耻笑他失踪得如此彻底。当我渐渐忘记的时候，他又出现在我的生命里。我想知道他要干什么，于是我又见了他。他说，他想和我在一起，要我给他时间。我冷笑了，也笑自己的卑鄙，我又等来一个已婚的男人。我知道，我要折磨他，也要折磨自己。我在爱和仇恨的情感下迅速膨胀的报复心理让我失去了理智。

我不是静静等他，我会两天一哭三天一闹，这样的日子久了，我也不知道自己要做什么了，而他始终都不愿意放弃我。有时，我承受不了的时候，就告诉他，你放了我吧，我们分手，可我又似乎等待一个结果。在他消失将近三个月的时候，我彻底绝望了，我已经没有耐心去等我想要的结果，我已经没有兴趣去爱这个人了，我更不想知道他要干什么了。我是那样的恶毒和不可救药，绝望、痛苦蔓延了我整个的心灵，我终于又割腕了。

这次是我的母亲救了我。而我还是不想告诉她我经历了什么，但我想她多少会了解一些，一个女人如果放弃生命，多数为了爱，为了男人。

小红说到这里的时候，有些停顿。她的回忆让她有些疲惫。

我说："你现在会放弃生命吗？"

小红说："不知道。那是我最绝望时候的想法。我的情绪总是很低落，一个人的时候就知道哭。我已经把我的舞蹈工作室交给其他人管理了，真的，什么都不想做。"

我说："你想过妈妈吗？"

小红哭了，"想过啊，只是那种绝望来的时候谁也顾不了。现在想想，妈妈只有我一个亲人，我怎么可以不管她呢。楚涵，我希望我能好起来，不再伤妈妈的心。"

我说："我们会好起来。真的，当一个人有了愿望的时候，她就有了方向。"

我和小红的心理咨询虽然很久，但她本是一个积极的女孩儿，所以当她对自己深入了解，又有深刻理解的时候，她的情况有着惊人的好转。

我和她的母亲、父亲分别都有交流。我告诉他们，小红的心理安全感失去来源于父爱的缺失，而她总是无可救药般地爱上父亲一样的男子是因为她想获得这份爱。我看到小红父亲仍旧充满魅力的眼睛里有着泪光在闪烁。我告诉他，别介意小红对你此时的态度，相信我，爱可以融化一切，你需要有信心和耐心。我告诉小红母亲，我们不能把自己和爱人之间的情绪转移到孩子身上。我们需要告诉孩子，父母的分离是因为我们之间有很多不适，虽然我们分手了，但我们都爱孩子。我们需要给孩子树立良好的父母形象，任何过激的指责和制止对方和孩子相见，都会伤害到孩子的心灵。我们每个人都需要爱，而父母的爱是给予孩子最安全和最自信的爱，任何一方爱的缺失都会给孩子带来心灵上的创伤。所以，我们不能将夫妻之间的恩怨，发泄到孩子身上。尽管此时对于小红的心灵成长，我们晚了很多，但是，我们现在努力还来得及。我们依然是孩子情感的依靠，是面对问题、处理问题的榜样。小红的父母理解我的意思，给了我最大的支持，也给了他们最爱的女儿支持。小红的母亲说："为了女儿我可以付出一切。"

我建议小红和母亲多些交流，也许揭开母亲心底的伤疤很痛，但母亲却是那样的勇敢和积极，所以你们需要探讨爱情和亲情。

小红告诉我，她和母亲在一天深夜长谈，说起了父亲，说起了当时母亲的决定，母亲是那样勇敢和坚强，母亲一个人带着幼小的小红长大是多么不容易。母亲再也不回避对父亲的谈论，母亲终于笑着说："你的父亲除了抵不住女人的诱惑，其他真的不错。"

小红抑郁的心情慢慢地消退着。有时，她也会反复。当她又感到无助和抑郁的时候，我会和她探讨情绪的形成和调整。我们的情绪往往也会形成习惯，这时，我们需要接纳它。当自己情绪不好的时候，我们要想想，这时是我们正常的情绪周期吗？我们的情绪也会似生理周期那样，有高有低。或者我为什么又很抑郁呢？所有情绪不是莫名的，当我们寻找答案时，积极做出调整的时候情绪就会有所提升。

小红去自己的工作室又跳舞了，渐渐红润的脸庞更加美丽动人。

有一天，小红慌乱地给我打来电话说，第二个男人从加拿大回来，约她吃饭，问我她该不该去？

我笑着问她："你想去吗？"

小红说："想。"

我说："那就去吧。我相信你可以处理好他带给你的情绪震撼。"

后来小红说那晚她很快乐，她说："我们这样感觉真好，这样的情感也是这个世上少有的吧。而我真的有些理解，为了爱的人，我们需要理性一些，我真的感谢他没有让我走进爱情的深谷。"小红说这话的时候，手里抱着椅子上的蕾丝靠垫摇来晃去。

小红说："我的父亲最近总是会来看我，现在，我不觉得他烦了。我发现，我的父亲好帅哦。"

我呵呵地笑着说："是啊，你才发现啊！"

小红说："父亲有一次，看着我的手臂哭呢。我心里也好难过。"

我问她："你还恨父亲吗？"

"恨？"接着她就笑了，"我妈妈都不恨他了，我还恨什么呢。"

小红告诉我第三个男人找过她，她对他说："等你有资格的时候再来找我吧。"

小红已经可以面对自己内心最深处的想法了。她不需要再去争取什么了，她更不需要拿自己的幸福和别人赌博。当她渐渐明确自己要什么，做什么时，她不会再让自己那样任意放纵，心中矛盾有了舒展的时候，她也感到了解脱和释放，也感到了快乐。

我和她分享一种宽广胸怀的培养。《论语》中子贡问孔子："你可以给我一个字让我受益终生吗？"这是一个很难回答的问题，但是孔子充满智慧和哲理地回答了这个字：恕！而现代社会，这个字也同样让我们受益终生，我们需要宽恕别人，也宽恕自己。拥有了这样的胸怀，我们也就拥有了快乐！

咨询室外，我的助理在放一首歌《狼爱上羊》，每次我和来访者谈话的时候，我都建议她放一些舒缓的歌，有音乐流动的空间会让人们的情绪安定下来。

小红说："妈妈有一天听这首歌哭了。"我们之间有片刻的沉默，我们认真地去聆听这个关于爱、承诺和相守的动人故事。终于，小红说："不知我的母亲会宽恕我的父亲吗？"

我说："这需要慢慢来。"

我知道宽恕是另一个伤感故事的最美好的结局，但这只是我个人的愿望。

我和小红该是告别的时候了，曾经她说担心自己就这样一直依赖于我，我告诉她，我们人类，比自己预想的还要坚强，比自己的想象的还要勇敢，比自己了解的潜力还要超长。当一切水到渠成时，我们早已经具备面对和接纳的能力。当然，这个过程不是负面的积累，需要我们真实地面对自己，接纳自己，完善自己。

上海冬季的夜晚来得特别早，还是四点多的时候就已经夜色深沉，我站在窗前看到远处的霓虹闪闪，这是我在徐家汇工作室最后一个咨询。我忙乎于每天穿梭半个上海的路途，每天我都从车窗内看到从我身边经过的流动人生。我在感恩节这天受到无数个感谢祝福的短信，我也感谢这些朋友，是你们带给我感动，我也感谢你们。

57

○小红眼里的父亲和爱人

霍姆斯说过："我们爱自己的家；我们的脚步可以离它而去，但我们的心却不。"

　　每个人都有自己的父亲，对于每一个家庭而言父亲都是不可替代的，他是一个家庭的思想者、决策者，他威严而博爱，他高大而柔情。对于小红，家庭始终是一个不完整的概念，她无法真切地感受到父亲，她所真正了解到的父亲形象只是被广泛定义过的，所以这个形象是模糊的，是被渴望的。唯有通过母亲的回忆，一个具体的父亲才可能逐渐清晰地出现在她的心灵。父亲的不忠给母亲带来了极大的伤害，这种伤害一直延续到母亲和小红分享回忆之时，即便是母亲有意回避，那丝阴影仍笼罩在母亲的心上，同时也笼罩在小红的心上。事实上，母亲在对小红讲述父亲的时候，更多地把他当做为自己曾经的爱人，而没有将他看成是小红的父亲。当一个父亲的形象更多地被描述为对妻子的不忠、对家庭的不负责任的时候，父亲和爱人的概念越加开始变得模糊起来，这对一个孩子而言是难以区分的，小红也不例外。在小红心中希望得到父亲那份缺失已久的关怀和爱，换而言之，就是希望得到一个对妻子不忠、对家庭不负责任的人，同时这个人也需具备被广泛定义的父亲形象。小红忽略了爱人的定义，更没有意识到忠诚是爱情和婚姻中的一种必备品德。

　　希望外遇的已婚男人懂得关怀异性，习惯于照顾她们就如同爱护自己的孩子，他们对妻子、对爱情是不忠诚的，对小红而言她的需求在这些已婚男人身上都可以得到满足，自然便成为了她的关注和希望感受的目标。小红渴望她的父亲，渴望她的爱人，事实上已婚男人给予她的只能是短暂的激情，而不是长久持续的真挚的爱，此时的小红是愤怒的，她希望给予这些男人的惩罚就像去替代母亲惩罚她的父亲一样，她在这些男人面前自杀，她将自己的隐私之物留下，都是在将这种惩罚扩大化、严重化，然而面对男人的消失和他们妻子的沉默，小红无法得到内心的满足，愤怒无处宣泄。这种打击对小红而言是双重的，当一切美好事物骤然离去，留下的就只是无尽的忧郁和孤独，甚至绝望地尝试去毁掉自己的生命。

○面对父亲才有可能好起来

父亲是给予自己生命的人，自己是爱父亲的，这一点小红能清楚地意识到，与父亲偷偷的接触也让她隐约地感觉到父亲对自己的关怀，几次母亲同她深入的交流更让她确信这一点，同时在小红心中的父亲形象开始重塑。和母亲分享的不再是唠叨和怨恨，而是真正地感受父亲、理解父亲，母亲改变了对父亲的态度，开始允许她与父亲的见面和交流。在这个过程中，小红曾经的渴望化成了现实中真切的感受，那份期待已久的父爱真正的降临了。

父亲的爱融释了小红以往模糊的情感，父亲和爱人这两个概念在她心中愈加清晰。父亲的忏悔让她明白了忠诚对于爱情和婚姻的重要，当寻找新的爱人时心中的目标也开始发生了改变，小红理解了已婚男人，同时也知道他们不再是自己所爱的对象，一个真正关怀她、爱护她、对爱忠诚的男人才是自己所需要的。

第二章
情感篇

7．失恋后的痛楚——处女情结

> 爱情是空幻的，只有情感才是真实的，是情感在促使我们去追求使我们产生爱情的真正的爱。
>
> ——卢梭

上班的路上，我看到一对相拥的恋人，男人一直抚摸着女孩的长发，这个动作很美，也很浪漫。男孩亲吻着女孩儿的额头，他们旁若无人般互相深情地望着。我的心被他们感染着，美好的一切都在我们的左左右右，只是你是否愿意用心去感受……

刚到办公室，我就接到了于娜的电话，她说要取消今天的心理咨询时间，她住院了。

我说："怎么回事呢？上个星期你还很好啊？"

于娜说："我也不知道，医生诊断是风湿性关节炎。但是，输液一个星期了也没有用。我的脚肿得很厉害，现在我都不能走路了，下地要坐轮椅了。"

我说："这么严重啊！"

于娜哭着说："是啊，我什么都没有了，难道还要瘫痪吗？"

我说："你别急，我忙完后去看你。你还记得你上周给我发的短信吗？"

于娜说："是的，那是我发给男友的，再转发给你的。"

我说："你可能是心理作用，我们见面谈好吗？"

和于娜的通话结束后，我打开了她的案例资料，里面有她详细的记录和她的心情感受。我想我找到了原因。

◎住院前的于娜

于娜是一个小巧的女孩。个子不高，五官精巧，嘴唇很薄，她的样子总会让我想起电视剧《红楼梦》里的晴雯或者黛玉。

于娜初到我这里的时候，面容很憔悴，因为一段时期的失眠，眼圈有些发黑，总是不断用手指去梳理自己凌乱的长发。和她谈话不能放音乐，她的声音很低沉，说话是轻轻的，几乎听不清楚。她的眼睛从来都不看我，不是闭着眼睛，就是盯着我们坐着的对面墙上挂着的一幅天使拉着小女孩的刺绣。

于娜说她记忆力下降，无法投入工作，无法投入学习，因为她要参加医生职业资格考试。她的情绪持续低落，她把自己关在家里，谁也不想见。她说这一切都是因为和男友分手造成的。

于娜曾经也谈过一个男友，他们分手的时候，她也很难过，但是没有像这次不可自制。她说她第一次失恋的时候也找过心理咨询师，但是她觉得没有多少用处，还是靠自己走了出来。而这次，她已经无法靠自己的力量摆脱情绪上的困扰，于是她找到了我。

于娜说男友和他分手的理由，竟然是她不爱他。当她刚听到这句话时，她不知道该如何回答，于是她说："你想怎样就怎样吧。"他们就这样断了联系。

于娜说："我不爱他，我能成这个样子吗？"她越来越想不通，无论什么样的理由，这个她是不能接受的。她越来越想去解释，甚至去询问个明白，可是男友无论如何都不给她机会，不是说忙就是还说这些有什么意义。

于娜每天都盯着男友的QQ，看他有没有上线，看他的标签有没有变化。她开始给他发短信，如果他不回，她就可以一直打电话，打到他无法忍受接了电话就那样放着，也不和她说话，任由她在电话这端尖叫也好，哭也好。

于娜在对方的冷漠中失去了理性，开始在短信里和他吵架，有时对方也会给她回应。她看了就更加生气更加地不可自制和疯狂。她觉得是自取其辱，却又不甘心就这样结束，于是他们之间开始了恶性循环，彼此伤害，互相对立。

我问于娜，他怎么会认为你不爱他呢？于娜说，我也不知道。

我鼓励她想想看。她说："有一次，他的父母说要见我，我推辞了。其实，我还没有做好准备去见他的家人，我告诉他，我要考试，能不能考完试后见。他就很生气，说我不尊重他的父母，也不理解他。还有一次，他说要申请去最苦的地方锻炼，他家人都反对，包括他的前女友都打电话不要他去，而我却说你去吧。于是他很生气，说我不在乎他。其实，我是尊重他的想法啊。他问我，你会想我吗？我说：'想什么，你不是还回来吗？'他就更生气。我说错了吗？"

　　我说："那你觉得呢？"于娜回答："我不知道。"

　　我说："于娜，你的'不知道'是隐藏真实想法，还是确实不知道，还是不想回答。"

　　于娜说："我不知道。"

　　而我理解她的这句"不知道"，因为她确实还没有想清楚总是说这句话的意义。

　　于娜说："以前我并不是不注意他，他只是我好朋友的哥哥。但是他一直追求我。开始我对他说，我们不合适，他却说合适。后来，我慢慢同意了，却发现我们的性格那么不同。可是，我把我最宝贵的第一次都给他了，他还觉得我不爱他。"

　　我说："你觉得第一次给一个男人，就是爱这个人吗？"

　　于娜说："是啊，我不是随便的女人，我爱他才会给他的，可是他还是说我不爱他。第一次我们在一起，他发现我身下没有血，就问我，怎么没有血呢？我说不知道啊。他就说：'没有关系，无论你以前怎样，我都可以接受。'"

　　我问于娜："你怎么回答的？"

　　于娜说："我什么也没有回答啊，因为那时很不好意思的。"

　　我看着这个单纯的女孩说："这时，你还回答不知道？你需要给他肯定，你需要告诉他你是第一次。"

　　于娜说："但我确实不知道为何没有血啊。"

　　我说："这个不是重要的，你可以不知道，但是你要确定告诉他，他是第一个男人。他要的是这句话。"

　　于娜说："哦，那现在都晚了。我把第一次给了他，他却说我不爱他，还不听我解释。我该怎么办？我都已经不是处女了，我怎么还能面对以后的老公呢？我怎么还能交往其他的男孩子。我知道男人都在乎女人第一次的，那我还能拥有自己的爱和幸福吗？上网的时候，一看到关于性和处女问题，我都浑身发抖，我已经没有资格再去拥有爱了。”

我说：“爱情的拥有不只是第一次的问题，需要两个人共同努力。性格上的彼此适应，生活上彼此照顾，心灵上不断沟通。如果这些缺少了，爱情还是会消失的。如果你只是把爱情看到处女情结上，你就会因为这个而左右了自己的情感判断。你爱的是这个男人，还是爱自己的处女情结？你是为爱这个男人而去努力去争取，还是明知彼此性格不合，却为了处女情结去追寻结果？这两者有着重大的区别。

“有很多女孩子，为了女孩的第一次和这个男人结婚，也许女孩自己都明白，和他在一起没有幸福却还是执意要结婚，最终给自己带来不幸是可预知的，是遗憾的。所以你一定要清楚你是爱这个人，还是爱自己的第一次。你是为了什么去努力。”

于娜的回答我也已经知道，还是她常说的“我不知道”。

我说：“没有关系，我们现在来一一心理分析。当你清楚自己的想法时，你的情绪，你的努力就会有一个目标。就不会那样盲目，你也就不会和他只是争吵一些无意义的事情。比如他是一个不负责任的男人，是一个坏男人之类的话。如果明知道这个男人是这样，你为何还要见他，为何还要他回来？”

于娜说：“对啊，我这样说他的时候，他就说，我就是坏男人，我就是不负责任，那你还要见我干什么？这时，我只有生气，没有别的办法了。”

于娜说：“我希望他能给我解释的机会，我希望他能回到我身边。我找了很多借口要见他，他都推辞了。楚涵姐，你帮帮我。”

我说："我会帮助你，但首先你要了解自己，了解自己的情感。如果你和他没有发生关系，你还希望他回到你身边吗？"

于娜想想说："如果没有发生关系，也许我不会这样痛苦，我还是有信心去面对自己新的感情。可是，没有如果，已经发生了，所以我希望他回到我身边。"

我说："如果你们之间真的彼此性格不合，你还是要和他在一起吗？"

于娜说："不知道。"

我说："你现在最想要做的就是让他了解你的想法，而不是误解你。对吗？"

于娜说："是的。"

我和于娜终于达成一致的目标就是去进行努力。在她该解释的时候没有解释，在她该去表达真实想法的时候她没有表达，她需要去完成这个解释，这样心中才无憾，无论什么样的结果，于娜都要承担和面对。这一切想好了之后，于娜最担心就是自己控制不住地给他短信和电话。于娜已经认识到，这样无休止的纠缠更无法见到他，更别说两人好好沟通。

我们约定，在以后的时间里，如果于娜控制不住想给他发短信的时候就发给我，这样我及时看到她的感受，也可以给予她及时的心理调整和情绪稳定。

随后的几天，于娜的心平静了不少，也没有给男友发短信和电话，她做到了给彼此时间。可是，于娜平静的心没有持续多久，在一次回家的路上她看到了前男友的车开过。于是她再也忍不住了，到了男友家的楼下。她忍不住发的短信也给我发了过来。

"我在你家楼下，有东西给你。你是否下来一见。"

男友没有回复，我的回复是：你要清楚你见他说什么。

"我已经站的脚肿了，我已经走不动路。如果我瘫痪了，你要养我一辈子。"

男友回复，于娜已经回到了家里。短信中的内容："好啊，那我就养你一辈子。"

第二天，于娜脚肿，第三天，双脚不能站立，住院。

◎住院时的于娜

我见到于娜时，她抬起双脚给我看说："楚涵姐，你看我脚都肿成这样了。"双脚肿得用她的话说像熊掌。

我问于娜："那天你站在他家楼下时，脚肿了吗？"

于娜说："没有。"

我说："你怎样回的家，是走不动了吗？"

于娜说："可以回家的，只是当时那么说说。"

我说："那么你回家后，他给你的短信，你看完，怎样想的。"

于娜说："他说我瘫痪了，就会养我的。我就想，那样也好啊。可是，我住院后，给他短信，他却说我神经病，说我骗他，说你就没有其他朋友了吗？为何不能放过他？"

我说："于娜你听我说。你想走路吗？你想好起来吗？"

于娜说："想啊，但是我确实脚肿了啊，而且住院这几天更加严重了。"

我说："那么我来帮你，但是你一定要为自己加油！现在你要知道，你的脚肿和无法走路，都是你心理暗示造成的，你的病情加重也是因为他对你的态度。你要知道，消极的心理暗示力量很强大，积极的心理暗示力量也很强大，所以你需要和我配合。"

我和于娜做了意向对话治疗，她闭上眼睛彻底放松之后，让她想象现在脚的样子，再来想象自己的脚原来的样子，可爱胖胖的脚丫，重复去想象自己原来完好的脚。要不断告诉自己有信心站立起来，恢复到以前健康的样子。

二十分钟后，于娜说她的心理有了很大的信心。我和她做了必要的解释，她生理上出现的症状是她心理暗示出来的，要她确信的一点就是，她的消极心理暗示其实是对男友或者自己一种精神惩罚，而这种心理是通过生理表现出来的。

于娜说："通过这次，我突然意识到，自己身体健康是多么重要。楚涵姐姐你放心，我会按照你说的话去做的。"

这时，我看到一个男孩儿拿了一束鲜花走进来，我们彼此点头问好，于娜的小脸已经绯红。我笑了，怎么不好意思啊。于娜说："没有啊。我和他一直是好朋友，你不要瞎想啊。"

我们谁在想啊，我只是笑笑啊。

我离去的时候，于娜的心情不错，我给她一个加油的动作，她也开朗地回应给我。

第二天中午十一点多，于娜给我电话说，脚肿消失了，她可以下地慢慢走几步了。

我鼓励她，继续给自己积极的心理暗示，要为自己而加油！奇迹就会出现。

◎出院后的于娜

一星期后，我和于娜又开始了心理咨询。

随后的日子里，我发现，于娜已经很少再说"我不知道"了。她能清晰表达自己的想法和看法了。而我时时都在鼓励她说出自己的想法，说出自己的感受。

于娜很少谈及家人，只是说母亲在国外，和姥姥姥爷在一起生活。问及父亲时，于娜说我不想谈他。

我告诉她，父母是对我们今天的性格和情绪有重大影响的人，所以我们需要了解。

于娜从小父母离异，她和母亲生活，后来母亲另嫁异国，于是她最亲的人就是姥姥姥爷。她从小就喜欢说"我不知道"。也许开始时说不知道是确实不知道，最后渐渐形成了习惯。也没有人引导她去探寻，去思考，她的性格和思想被动也就慢慢养成了。我们做心理分析时，她也说有时"不知道"确实是一种掩饰。

她懂事之后，曾经问及母亲有关父亲的一切，母亲是不愿意谈的。后来母亲告诉她，父亲有精神疾病。这成了她以后最重要的担忧，也怕自己和父亲一样，成为人们眼里的疯子。但事实是否如此，她还不能确定。母亲一直告诉于娜，女人，一定要保护自己的贞节。因为将来的男人最看重的是这个，如果一旦失去，幸福就没有，一切都没有了。

于娜很小心地保护着自己的第一次，直到遇到男友时，他们都渴望着对方，虽然她有所顾及，但还是选择了付出。当男友离去后，母亲的话时时地敲打着她的内心，她不但对自己的未来失去了信心，也对自己感到十万分的委屈。

随着我们谈话次数的增加，于娜越来越清楚地了解了自己，了解了自己的情感；也深刻地了解到她和男友的问题出在哪里。

慢慢地，通过对女性处女情结的思考和认识，通过很多女人情感波折的故事来了解，于娜终于认识到第一次的失去并不完全意味着幸福的离去。

当于娜不再那样悲观时，她的情绪平稳很多。她不再那样的发短信或者打电话给前男友了。因为她知道，只有这样让彼此冷静一段时间后，才可以再走到一起，至少可以见见面。

于娜虽然看书时的注意力还是不够完全集中，但是她已经能正确面对自己了。通过上次的住院的经历，让她忽然感悟到，爱自己很重要，这个世间除了爱情，还有很多……

我们的谈话次数渐渐拉长了时间，她的心情和感受还是每天会通过邮件传来。她的睡眠好了很多，她和朋友的走动也多了起来，考试对她来说还是信心不足，但是却积极备战。

突然有一天，她急着给我电话说，前男友约她见面，说给她以前答应的东西。她慌了，问我要不要见。

我问于娜："你想见吗？"

于娜说："想见，只是不知道要说什么。"

我说："现在你不要做任何猜想，你准备了这么久的话可以说了。好好去谈谈吧。"

第二天，她出现在我的办公室，小巧精致的五官化了淡妆，显得格外的动人和可爱。

我问她："昨晚谈的如何？"

于娜说："他问我最近好吗？我实话实说了，我不是很好，但还是走过这段痛苦的日子了。"

男友看着她说："你变了很多。"

于娜说："我一直想告诉你我的想法。无论你现在觉得是否有意义，我还是觉得我要说的。"

"我很爱你，只是我不擅长表达想法，或者我还不够了解你，所以每次让你感觉不好的时候，我都没有意识到自己的问题。通过这次的分手，我了解了自己很多，也明白了感情的培养需要很多……"

那天，他们谈得很好。回家的时候，他们像恋人一般手拉着手，一切好像都没有发生过。

我看着面前这个容光焕发的小女孩儿，我笑着问她："你们这是和好了吗？别告诉我说不知道啊。"

于娜说："呵呵，是啊，现在这样的感觉很好。我们伤害过彼此，却还爱着对方。虽然还没有确定是否回到原来的关系，但我这次已经知道怎么做了……"

我说："你确定你爱他？"

于娜看着我的眼睛说："是的。上次你在医院看到的男孩儿，我和他一直是好朋友。他也喜欢我，但是我真的不能接受。"

我说："你不会因为那个原因，拒绝他吧？"

于娜终于很清晰地回答我说："不是，这次我很确定。我男友其实也挺好的，当然，他也不成熟，和我一样像个孩子，呵呵，这次我有信心哦。"

我和于娜的心理咨询终于结束了，并不是因为她和男友和好了，而是她对自己的情感终于明了，她的状态越来越稳定。

后来，于娜在母亲回国时有一次深入的谈话。终于，她知道父母离婚的真相。母亲嫁给父亲之前曾有一个男友，因各种原因而分手，父亲因为母亲不是第一次而失去温柔，以后的生活里痛苦不堪，怀疑，猜忌，嫉妒，约束着母亲的种种工作和生活，甚至怀疑于娜的身世，父亲自始至终都觉得自己男性的尊严受到母亲的侮辱，于是最终选择离婚，从此再也没有消息。

于娜问："母亲，你现在的婚姻幸福吗？"母亲沉思很久说："幸福……"

于娜和男友的关系稳定下来，他们已经买好房子开始装修，他们约定明年结婚。

◎于娜的案例分析

○处女的禁忌

性学家卡洛雷在《神秘的玫瑰》一书中曾有这样的记载："在迪雷部落以及其相邻的部落中，广泛流行着这样一种习惯：女孩子一到青春期，就被人弄破她们处女膜；在波特兰族中，也常常由老年妇女给新娘做这样的手术，有时甚至请白人奸污少女，以完成使命。"的确，在很多原始的民族中，女孩出嫁之前破除童贞的仪式是必不可少的，进行仪式的人可能是巫女、酋长、男长者、外族人，但决不会是新郎。之所以这种看起来不人性的行为能广泛流行，皆因人们对处女的禁忌，他们大都认为处女性行为和月经时的流血是一种很神秘现象，同时也把它和神灵联系在了一起。

事实上，禁忌的本身就存在着一种矛盾，它令人又爱又恨、又喜又厌、又好奇又畏惧。在人们畏惧处女的同时也包含了另一种情感，便是男人对女人的占有，所以新郎不参与破处的仪式，就是为了以后对新娘的完全操控和支配。

随着文明的发展，封建社会的到来，这种禁忌的仪式已然不再实行，取而代之的是对女人自身的约束。然而无论是东方的守宫砂还是西方的贞操带，都只是形式上的改变，男人对女人的占有欲望却没有丝毫的减弱。

○性臣服

一八九二年克拉福特·伊宾首先提出了"性臣服"一词，意思是指一些人一旦与他人发生了性关系，便对这个人产生了高度依赖和顺服的心理。这种"臣服"心理达到极端之时，可令人完全不能自主独立，甚至情愿为对方牺牲自己的最大利益。

现实的社会和过去的文化种种，致使一些少女处处留心，避免与男人发生关系，这使得她们心中对爱的欲望受到了压抑阻止。所以一旦选定一个男人，决心冲破阻力之时，便极有可能产生终生委身于他的信念，这就是我们常说的女性"处女情结"。

这种情结在于娜的身上就有着突出的体现。于娜把自己的第一次给了男友，在她的观念里破处的行为在两个人的恋情之中最为重要，甚至可以超越情感，所以当男友提出分手时让于娜很是困惑，更加令她不解的，理由竟是不爱他。在她的概念里贞操的给予就是爱的最直接代表，就是爱的同义词，因此已经证明的行为也就是爱。

与此同时，一些其他想法也浮现出来，如何再接触其他男性，如何面对以后的丈夫，自己的爱和幸福就这样断送了。也许，在于娜的意识中臣服心理还不是那么强，但不可否认的是她的自尊自洁心理已经促动了一些臣服行为的出现。她一方面平静地应允分手，一方面却悄悄做着努力，试尽各种办法和男友见面，甚至希望自己脚肿住院以引起男友的关注。可即便她的这种自我不良暗示在身体上体现了效果，却还是没能挽回男友的心。

○爱他不只是身体的给予

当于娜出现情感危机之时，她及时地选择了心理咨询。通过咨询师对她进行意象分析，迅速肿胀的双脚几天后便好了。于娜一点点认识到爱情属于两个人，在曾经的情感中由于"处女情结"，她过分地关注自我，而较少考虑到男友的感情，这样持续下去只能令爱情、婚姻远离自己而去。同时，面对已提出分手的男友，一味的强求不如顺其自然，先给双方一段冷静思考的时间，尝试着去调整自我对爱情的认知，问问自己的心是否还希望继续彼此的爱，之后便知对于这段情感是该挽留还是该任其淡化。

最终，男友发现了于娜的改变，她也看到了在男友身上她曾未注意过的闪光点，爱又悄悄降临在了他们身边。

在恋爱之时，一些女性，特别是将初次性爱给予男方的女性，比较容易注意自己身体的付出，而忽略精神情感的给予，造成爱的失衡。当面对爱情的危机，所能做的更多是不理性的强求，或是一味的抹去对自己未来的希望。其实无需更多，平静地用自己的心去思考就能得到满意的结果。

一段爱情的结束，并不意味着爱情的消亡，也不妨碍下一段爱情的到来。对于爱情，永远都需要无可救药的乐观态度和执著理性的追求。

8. 敏敏的邮件

> 不能"只为了爱——盲目的爱",而将别的人生的
> 要义全盘疏忽了。
>
> ——鲁迅

敏敏来我这里做心理咨询的时候,是她最绝望的时刻。她日夜想着结束自己的生命,生活的无趣,爱情的失去,谎言的苍白,让她恨透了那个曾经爱过的人,厌倦了人生。也许对多数人来说,一旦心中有恨的这种极端情绪,让人会失去心理平衡,会躁动不安。而敏敏不一样,她多数表现为抑郁和哭泣。

敏敏因为服用安眠药过量而被洗胃,找我咨询的那段时间她只能吃流食。敏敏好像除了那个爱的人,就再也没有亲戚朋友。她说,父母不能容许她这样丢脸,等待一个已婚的男人,在朋友那里也得不到更多的支持,就索性疏远了大家。当这个男人离去之后,她忽然觉得失去了一切,没有了亲情、朋友,爱情,更别谈婚姻。

敏敏说，等待他的这五年，她彻底失去了尊严，也失去了自己。

敏敏没有人可以倾诉，当她展开下面这封邮件时，虽然略去了情节，但心痛已经肆意地侵蚀到敏敏的内心当中，而我和敏敏之间的谈话时间并没有用了多久。虽然她停止咨询时候并不是很好，但至少她已经不再放弃自己的生命了。用她的话说："这时，才是我这么多年来最平静的一年，没有什么开心，也没有什么绝望，日子也就这样不死不活地过吧。但我还是感谢你，楚涵，你挽救了我的生命。"

而我能理解，这样的悲伤还是需要时间去缝合，给自己多些时间吧。

当新年到来时，我和她通话，她说，她还好。她还是单身一人。

◎敏敏的邮件

你曾经说过最美的谎言在一瞬间化为烟花。

你曾经说要照顾我一生一世，在此刻成为虚幻。

你曾经说要爱我永远直到白发苍苍，此时也只有承诺时真诚的眼睛让我还眷恋。

相遇的时候，是偶然。你说爱我的时候，我却一直在犹豫，你是否可以给我美丽的未来？

你说我要你爱我。我辗转反侧，我难以接受，因为我知道你此时不属于我。

我说等你有资格的时候再来和我谈你爱我，你要照顾我一生。

你很痛苦，你很忧伤，你说，我渴望给你一切，你该相信我。

我很迷惑：已婚男人的话是否可信？

但无论如何，我相信你了。你嫉妒我和所有男人来往，你说我要你只属于我！女人的心是柔软的，女人的心依然会渴望听到琼瑶阿姨的经典对白。

女人虽已风华不在，但心还是渴望真诚的爱。看到我依然还在寻觅自己的爱人，你说我就是你的爱人，你的老公。我会心动，我会哭，因为我听到你说我是你老婆。你说我是你的乖老婆时，我尽管羞红脸颊，但心是温暖的，心是柔柔的。

你爱我的时候，可以给我一切美丽的设想。你说我们会有两个孩子，因为我喜欢。你说我和你一起到国外读书，我要照顾你一辈子，享受美好生活。你说我们在下雨的时候可以一起焚香读书，品味人生滋味。你说我们在温暖的被窝里诉说遇见你前我的心酸和遇到你后我的幸福。你说我要和你一起站在高山，看彩霞满天，满腹豪情，爱情被山河所见证。

于是，我勇敢了，我不再犹豫了，我相信你了。于是，我期待，我等待，我渴望，我翘首以盼。等岁月再次轮回，等花开又是一季。

我的心灵一直听你说：我在你身边，等我回来。我在你心里，等我和你永远在一起。

我的心有些疼痛的时候，你会说，宝宝相信我，老公一直在呢。我的心开始有些疲惫的时候，你会说，放下你的心，等我。于是我再次开始相信你。

一个个不眠的夜晚，你守在她的身旁。一个个伤心的夜晚，我独自流泪。

我累了，我困了，你走进我梦里。梦里的你是狰狞的，梦里的你是让我绝望的，梦里的你看到我跳入汪洋大海，却说你会好的。梦里醒来，我是心痛的。梦里的回忆，我只有哭泣。

我说，爱人，你还要我等你多久？爱人，你还要我的心破碎到何时？爱人，你是否还给我最美的幸福？

你开始沉默了。你开始冷静了。在你得到我全身心的爱时，你开始平静了。

你开始说，我无法面对现实很多很多，无法面对亲人和同事。你开始说，我无法面对她，她是可怜的。

我在颤抖，你要我爱你的时候，你说你一切都考虑好了，一切都准备好了，只要我静静等你。此时，你才考虑你现实的一切吗？此时，我该如何？

如你所说，继续去寻觅？如你所愿，静静离开你，好好生活？

你说长痛不如短痛，你说此时你离开，比将来实现不了对我的承诺时，会少些伤心。

我已经痛了，我已经陷入了，我已经无法自拔了，你这时却说要我离开。

你曾经说过，如果我离开，我走到天涯海角，你都要跟随我。此时你呢？谎言吗？你说不是。玩弄我吗？你说我不是那样的人。欺骗我吗？你说我是爱你的。

此时我还能说什么？好的！我离开。我的心在经历五年之后，虽等到结果，却是恨。我的心在历经沧桑之后，虽破碎分离，已然绝望。

我问苍天，苍天无语。我问大地，只有我的泪。我问我的心理医生，楚涵说我需要做心理调整。

我把我的心交给了楚涵，楚涵说我和你一起来把它缝合，直到痊愈。只有在楚涵的办公室，我才能哭得无所顾忌，你走了，我的灵魂还是被我和楚涵一起拉了回来。

我的生命也再次挽留。我的心看不到如何的破碎，楚涵却在我的意象分析里看到我深深的痛。心有一个洞，说的时候，会很痛。在仔细看的时候，心里有一个你……

◎楚涵的邮件回复

有时，我们不舍得最美的瞬间，往往为了这个而愿意承担苦痛。我们在伤心的时候，除了爱之外，伤的是自尊。我们不是一厢情愿地去爱，我们也经过挣扎，我们是被感动得而接受爱的时候，忽略了承诺也只是那刻的真情。等你被燃烧的时候，你却被瓢泼大雨熄灭。你受到最大的伤害来源于自尊的无法承受。

既然我们已经无怨无悔等一个人，既然我们已经看到结局，虽没有期待的完美，甚至残酷，但是这些是你所预料到的，那就勇敢面对。

我们可以悲伤，我们可以流泪，但是我们还是需要好好面对未来。幸福是我们自己争取的，不幸是我们自己选择的，那么我们还是需要带着心底的伤痛继续生活。我们可以绝望，我们可以消沉，但是只需要一些时间就可以了。继续沉浸只会让我们更加自怜，更加悲伤。

请理解已婚的男人，我们是他沉闷生活里突然出现的光亮。说爱情来临的时候，女人是智商最低的，男人也是。也许是装糊涂，但是总有清醒的时候。也许是真的爱你，但是现实难以抉择的时候，我们不幸遇到的男人只会选择逃避。

受伤的不只是我们，他也是。相信他爱你吧，相信他的承诺吧。虽然海誓山盟一不小心就是海市蜃楼。承诺未必是谎言，面对现实只是显得苍白无力。你无需再自责了，给自己一段时间好好悲痛，然后，继续你的美丽人生。

给天下已婚的男女：请守护你的家庭，请珍惜你的家人。如果你不小心爱上他（她），请多想想你走近别人要承受的现实。如果你没有绝对的勇气，如果你没有绝对的果断，请不要用所谓的善良和不忍来伤害所有爱你的人。

给天下走近别人婚姻的男女：总会有属于你的爱人，无论你是否有勇气可以承担阴暗角落里的爱，还是有千万条的理由来爱他（她），你所面对的是现实，你所面对的不止只有你一个人。你最终的爱如果会有天长地久，那也已是伤痕累累。如果你最终放弃你的执著，请你再次珍惜你的生命和你身边所有关心你的人……

有人说：在错的时间，爱上一个对的人，你是痛苦的；在对的时间，爱上一个对的人，你是幸福的。

9. 我离开了不该爱的人

> 爱除自身外无施予，爱除自身外无接受。爱不占
> 有，也不被占有。因为爱在爱中满足了。
>
> ——纪伯伦

我的咨询案例里有着太多的婚外恋情。无论怎样的开始和结束，经历的痛楚和抉择几乎每一个身处其中的人都相似。

特别挑出敏敏和阿静的邮件，是因为他们有相似的爱情（爱上已婚男人），相似的结果（最终都离开了已婚男人）。但是敏敏是被迫放弃的，因为那个男人心意已去。敏敏绝望地放弃生命，而阿静的选择是在心理咨询的过程，做出的选择。

她第一次来我这里的时候，就说她做错了，但她不知道该怎么办。她也了解和明白，继续只会让彼此更受伤，结局并非美好，而她却舍不得离开这个人。

对阿静做的意象分析里我看到了下面的情景。

在她的眼前出现十字路口，她站在中间，不愿前进一步，也不知道该去哪里。我引导她看看左面有什么，她看到了那个深爱的男人。看看右面有什么，她看到了远处的路。

我问她，那么我们尝试选择左面的路或者右面的路，她还是难以选择。

我说："我们不能只站在这里，我们需要往前走。因为你不可能只是站在路口，哪里也不去。"

她说："往右面去，我会感觉失落，自己一人在走，心里会很难过。如果往左面走，我感觉前面很危险，但却充满了期待。"

我说："那么具体看看左面的路都有什么，你可以想象。"

阿静说："左面有很多很多的房子，有很多很多的人，但感觉都不理我。他的表情也很僵硬，没有想象的那么开心。"

我问："你自己呢?"

阿静说："也不开心，也没有了刚才的那种期待了。"

我说："那么你想回到右面的路吗?"

阿静说："还有些舍不得。"然后，她就哭了。

我说："现在你又回到刚才的十字路口，这时，你会选择哪条路?"

阿静还是不想选择。我又鼓励她，我们需要做出选择。这时，阿静选择了右面的路。

我问："那么这时你会看到什么?"

阿静看到了树林，秋天的落叶，有些想哭。我鼓励她继续往前走，她终于平静了，她说眼前出现的景色很美。

意向对话结束后，我给她做分析。阿静此时，就如同身在十字

第二章 情感篇

路口，不想做出选择。经过自我调整，阿静虽然选择了左面的路，但是她并不开心。在她的潜意识中，她早已经清楚和他的未来。最后，阿静选择了右面的路，虽然还是难过，但是最终还可以找到心灵的宁静。

阿静说："我的选择是离开他吗？"

我没有回答。只是说："我给你做了潜意识分析，你自己再好好想想。"

三天后，她告诉我说和他分手了。但男人还是会来找她。她怕自己再回到从前，就决定出国进修，追寻她早期的梦想。

我说："无论你做什么决定，都需要深思熟虑，因为这是改变你人生的重要决定。但是，无论你做出什么决定，我都支持你，鼓励你！"

◎阿静给我的最后一封信

我在这个黑夜里失眠。我在这个寒冷的初冬，躲在被子里仍然感觉寒气逼人。

明天我即将离开上海，我去的地方，不知是否也似上海般阴冷。我离开我爱的城市和我爱的人，选择逃避是我唯一的出路……

闭上眼睛回忆，只会让我无尽流泪，我已感受不到快乐的滋味。回忆里你的模样，只会让我无限伤感，你是我的爱人，却在别人的怀里睡去。是我来得太迟，还是命里注定，你我在这个时间相爱，却在这个时间挥手笑着离去。

我等你，无怨无悔，你却永远没有答案。我爱你，无边无际，我却只是你生命的部分。也许我不该奢望，也许我不该自私，但是爱如果没有自私，又如何会刻骨铭心？如果不奢望结局，那又如何去诠释爱？

你给我答案吗？你却只有叹息和无奈。如果你做不出选择，那只有请你，让我离开。

电话穿透夜的寂静是那样地刺耳。你的声音传来："静静，你真的要走吗？"

"是的！"

"不要离开我，好吗？"

我的心在痛，"你要我如何？这样一直一直等下去吗？"

你在沉默。

"你不可以再给我许诺了，你不可以再给我希望了。你无法做选择的时候，我来做选择。"

"你去哪里？"

"我不想说。"

"给我你的消息。"

"不了，让我在你生命里消失吧，虽不情愿，但是无奈。原谅我做不到陪你走下去，我很疲惫。"

挂了电话。我走到阳台，看这个城市最后的月光。房间里的行李都打包了，显得更是凄凉。

已是凌晨五点了，我整理好一切出门。打开门，我看你坐在门外。眼泪冲出来的时候，行李掉在地上。我跪在你面前，拥抱你，把你揽入我的怀里。你像孩子般哭泣。

"让我走吧，我不再为难你，让我走吧，这样会成全一个家庭的圆满。我的出现和离开，也许让你感到意外和痛苦，但是我愿做你心灵的彩虹，美丽瞬间。"

清晨，大雾。你和我的手紧紧握着，只怕一松手，你我就会失散在茫茫人海里。机场的人来来往往。重逢分离，很多人在上演我们的故事。而我的眼里只有你的伤感和心碎，你的心里也只有看我拉紧的手渐渐滑落……

"我爱你……"

"嗯，我知道，我相信你这么久以来的真情，我相信你设想过和我的未来，我也相信现实让你难以抉择。"

"给我你的消息，好吗？"

我微笑答应。我又开始流泪了，我真的要和你分离了？远隔千山万水，心是否还有灵犀？爱是否能穿过半个地球，还让你我感受到？看着你泪流，看着你在我视线里渐渐模糊……

候机厅的休息室里，我点燃一根烟。我给楚涵发消息：逃避也好，选择也好，我给自己的爱，放一条生路，给自己的心，撑起一把伞，让它不再经历风雨，慢慢温暖。

楚涵回复：爱有千万，爱有不同境界，爱可以祝福，也可以穿越时空来验证它的美丽。心会痛，因为有爱，因为爱，心，才会更渴望爱人去幸福。

我删除了你的电话，但是我在心里早已记住你的十一位数字。飞机离开上海，云彩在我身边轻轻环绕。阳光让我感受温暖的时候，眼睛也感到刺痛。闭上眼睛，我知道我累了。

耳机里是许美静 《城市里的月光》，我沉沉睡去，醒来也许是新的人生。

◎敏敏、阿静的案例分析

○爱情之中的缺失

对于所有类型的爱情都是一样的，除了给予之外，其积极性特征中还明显包括了其他一些基本的因素，这就是：关心、责任、尊重和理解。心理学家弗洛姆在其著作《爱的艺术》一书里如是阐述。

如果说关心、责任和理解在一定程度上取决于自身能力的话，那尊重更多的是决定于个人的意愿。事实上，在爱情之中如果缺少了尊重，那么责任将轻易地堕落成为支配和占有。具体地讲，这其中的尊重在根本上意味着去关注对方按其自身的本心去成长和发展，换而言之，丝毫的以求利用对方满足完成一己之私的想法和行动都是不尊重的表现。

对于敏敏和阿静而言，她们所经历的爱情，都缺失了尊重这一关键性因素。敏敏和阿静都选择了已婚男人，在她们的爱情中大部分都被期盼和幻想所占据，她们渴望着与爱人执手长久，渴望着爱人的爱只和自己分享。然而，她们并未顾及更多，对爱人自私的占有欲望是无法满足，此时的尊重已然成为了占有。当然，如果说敏敏和阿静的不尊重是由其爱人的自私行为而产生的，那么对她们的爱人而言，便不仅仅是爱情的缺失，而是应有的道德和人格的沦丧。双方的不尊重一直持续，以致其负面影响不断蔓延，直到将所有的爱统统抹去。

在这一过程中，爱情的缺失使得敏敏和阿静缺少了一种安全感，为了逃避这种不安全的感觉，她们本能地听任惯性来完全控制她们的生活。就如同驾驭着一只破漏的旧船在大海上航行，自己无法预知它是否在某个时候仍能漂浮在水面，也无法预知它是否抵的住狂风和巨浪，心中更多是不安和恐惧，也或许彼岸永远无法出现。

○继续等待还是选择放弃

爱必须觉得那被爱的自我和他本人的自我一样重要，而且还必须认识到别人的感觉和愿望和自己一样，哲学家罗素这样认为。只有相爱的双方同样具备上述情况，真正的爱情才可能出现并持续下去。

显然，敏敏和阿静以及她们的爱人都无法做到这些，即使曾经能够，也仅是暂时的、不完全的。不尊重的出现，使得支配对方的情感和占有对方的欲望成为了双方情绪情感的主题，所能剩下的，更多的是争执、悲痛和无奈。只是曾经对美好时刻的回忆。

在咨询师的帮助下，阿静更清楚地认识到自己的情感，及早选择了放弃。与阿静不同，敏敏却让这一过程持续了五年，从伤痛到绝望，从期盼幸福到选择死亡，直至伤痕累累，才停止了脚步。

曾经的美好并不能代表此刻的爱和未来的快乐，一段爱情的结束也不会阻断更多幸福的到来，与其自我痛苦挣扎，不如选择放弃后平静的思索。当爱情在不可抗拒的状况下变质时，理性放弃是最好的选择。

10．梦里升起你的太阳——流产抑郁

> 爱的需要是生命早期的满足与成年性格形成之间有完整的联系，健康成年人的许多典型品质是童年爱的需要的积极后果，包括宽容被爱者的独立的能力，忍受爱的匮乏的能力，爱但又不放弃自主性的能力……
>
> ——马斯洛

　　意境：窗外是没有月亮的夜色。树林里有风的声音。远处好像有孩子的笑声。你为我升起的月亮下，有一匹可爱的小马。等我去找它的时候，它被一个带眼镜的女人带走了。我知道它不属于我，它走了，还在回头望着我。

　　现实：我看着躺在沙发床上的你，断断续续描述着，睫毛在颤动，眼泪顺着脸庞滚落。静谧的傍晚，你的哭声让人心碎。我沉默。看着窗外升起的圆月，而你的意境如此黑暗。你睁开眼睛看看窗外，长发飘散。

　　第一次你走进我的咨询室，我看到小巧颤抖的你，苍白的脸上

90

没有一丝红晕。你总是焦灼不安，总是咬着你的小手指，站在那里总是瑟瑟发抖。

你说："我很疲惫，只有躺着才可以说话。我必须有人陪伴，才可以出门上街。我看到人就很紧张，手心出汗。我怕带眼镜的女人。我不知道怎么了，三年一直就是这样。我总是会被恶梦惊醒，却不愿意向任何人说我的梦。"

你的眼睛看着窗外，幽幽的眼神让人看到你深深的忧郁。你说，"我很容易疲倦，四十五分钟过后，我的思想就开始飘忽，无法集中。"

终于你看着我的眼睛说："请你帮我！"

三天后你来的时候，带了一束花，你说，"我知道你喜欢玫瑰。"我的内心有温暖在流动。

你说："儿时的我很可爱。九岁那年母亲和父亲离婚，妈妈是一个为了爱情不顾一切的人。我跟外婆长大……常常，我会思念我的母亲和国外的父亲。但是我在慢慢长大的时候，我再也没有对母亲说过我想她，甚至不再和她说话。父亲给我很多钱让我生活富足，但是我从不给他写信打电话。我一天天在没有爱的日子里长大，但是我一天天更渴望爱。我想，等我有了孩子，我发誓要我的孩子幸福，得到最多的爱。

"二十岁的时候，我被一个男人的关怀所感动。我喜欢他温柔的话语，犹如父亲曾经在我床边讲故事，我喜欢他抚摸我的脸颊，修长细致的手指犹如母亲曾对我的爱抚。我深深迷恋着他，依恋着他，我把我藏在心里所有的爱都给了他。我幻想着有一天，我们的孩子在花丛中奔跑，我和他幸福微笑。"

你累的时候，会轻轻地喝一口水，回忆里有痛苦和美好。而你的诉说也越来越平静。

第三次我和你一起走进你的意境：

窗外是没有月亮的夜色。树林里有风的声音。远处好像有孩子的笑声。你为我升起的月亮下，有一匹可爱的小马。我告诉我的男友，去把小马找回来，他说，小马是别人的。我很伤心，他不帮助我。

　　于是，等我自己去找它的时候，它被一个带眼镜的女人拉走了。我知道它不属于我，它走了，还在回头望着我。我一直在哭。

　　我看着躺在沙发床上的你，断断续续描述着，睫毛在颤动，眼泪顺着脸庞滚落。

　　你后来说了一直以来重复的噩梦：你总是梦见小孩子抓你，你总是看到不成形的胚胎，你总是看到泡在瓶子里的婴儿标本。

　　你说，你在品尝幸福的时候，却在清晨呕吐。你知道自己怀孕的时候，你把自己怀孕的消息告诉男友，而你却失望了。他说我们还年轻，现在还不可以有孩子，你最终听了他的选择，却失声痛哭。你去医院的路上认为所有的人都在指责你，为你拿掉孩子的女人镜片后冰冷的眼神让你无法忘记。在你虚弱地走出病房时，你推开了他，就像你的父母曾经抛弃了你。你认为他也抛弃了你的孩子。你渴望给孩子幸福，却在他到来的时候扼杀了这个小小生命，从此你不再欢乐，甚至没有了笑颜，你深深的陷入了自责。

　　送你出门时，我看到了你的他。
　　他拥抱着你说："我们回家。"
　　你回头对我说："你像我母亲年轻的时候。"
　　后来你已经习惯了躺在我这里诉说你几天里做些什么了，你已经可以自己单独出门了，你试着去参加很多人的聚会了，你说还好。

你说你梦到小天使了。

我看到你淡淡的描眉，略施胭脂，你声调也高了很多，我不再趴在你的耳边听你的低吟了。我不再为你升起月亮，你也在你的梦里升起了太阳。

你说："他还是爱我，像从前一样疼爱我，等我身体好了，我们还会有孩子。"

阳光在你的背后，照耀着我们的内心。也许我们都有过伤痛，只要你还渴望着幸福，幸福还会再次环绕你。

◎小芸的案例分析

○流产后心理

小芸因为童年时期父母离异造成心理创伤，认为自己应该给将来的孩子更好的保护和爱心，强烈的愿望使她对孩子充满了期待。意外怀孕后，却被迫像父母一样抛弃自己的孩子，产生自责和内疚，长期的心结未能及时处理，致使心理上和身体上产生不适症状。

从意象分析里可以看出，她的潜意识一直对自己这个行为充满自责和愧疚，内心抑郁。小芸长期反复的梦也反映了她潜意识里的害怕和自责。定期心理治疗，小芸的心结得以宣泄，认识到自己的身体和心理的不适是因为流产造成的。在说伤痛的感受的同时，重新认识童年经历是带给自己现有想法的根源。心理治疗过程中，同时得到小芸爱人最大的心理支持和安慰，在心理咨询师的帮助下，为自己设定康复目标，制定康复计划，并坚持计划的实施，无论是心理还是身体都在慢慢好转中。

前来咨询的女性案例里，有四分之三的人存在着流产后抑郁。

流产后抑郁基本表现为：情绪不稳定、情绪低落、焦虑不安、深深自责、罪恶感、易伤感、易流泪、对任何事情毫无兴趣、不愿出门、不愿与人交往，有的还表现为易怒，对爱人怀疑，责怪对方，大吵大闹、容易激动。生理表现为头晕，乏力，食欲下降、失眠、腹痛、多梦、恶梦等。

女性在接受流产手术的时候，尤其要注意心理上的调节，及时调整情绪，对爱人说出自己的感受。此时是女性心理最脆弱，爱人支持尤为重要。如果爱人的态度过于冷淡，或不够关心，都会造成术后女性的心理阴影，影响双方的感情和生活。

○流产后心理调整

每个女性在身心还未成熟之前，在一切条件还不具备的时候，需要避免对自己身体和心灵上的伤害。我们可以面对自己的欲望和爱的付出，我们也可以做到保护自己。

女性从小所受的性教育和文化熏陶，使女性总是感到自己处在受害者的角色里。在意外来临的时候，你可以责怪你的爱人，但是你必须和他一起承担责任。一味的指责和埋怨，只会加重两个人的心理负担。为了以后更好的生活，无论你是多么被动，无论你是多么委屈，你还是需要勇敢来面对。

对于男性，除了爱，你更需要保护你的爱人，意外怀孕发生的时候，请关注内心更柔弱的她。无论她的身体还是心理，更需要你的关心和爱。

11．谎言得到的爱

> 当你真正感到对方的话是肺腑之言时，自己的心灵也会敞开来接受一个陌生心灵的真情流露。
>
> ——卢梭

每天我都会收到很多的邮件，我总是在闲暇时去一一回复。而我对心兰的最初了解也只是从邮件中开始的。她不断写来她的痛苦，而简短的回复对她并不能起到实际帮助，最终我给了她建议，就是和我深入谈谈，做一段时期的心理治疗。心兰最后同意和我面谈，但时间拖延了很久，直到半年后的春天，她出现在我的面前，而我甚至不记得她的故事。

心兰说："我给你写过邮件，就是失恋的那个女人。"

我说："请原谅，我有很多邮件都是这样的情况，你能再说说吗？"

她说："我爱上过一个小我六岁的男人，而这个男人离开了我，和别的女人结婚了。"

我突然的想起了曾经有这样的邮件。我说："已经半年了，你还为他的离去而痛苦？"

心兰说："是的，痛苦使我夜夜失眠。一想起他娶了其他女人，我就快疯了，我恨不得冲到他的家里杀了他们。我不能和任何人说我的苦痛，因为没有人会了解。现在我几乎什么事情都不想做，只是想怎么可以报复，怎么可以让他回到我身边。"心兰说这话的时候，表情有些让我惊讶。她的声音是动听的，就像午夜电台女主持人那般委婉诱人，她的表情甚至是平静的，而她说的内容让人寒栗。

我仔细看着心兰，想起她的资料里填写是 34 岁，已婚，有一个男孩，我心中充满了疑惑。

心兰说："我的心里就像有一个魔鬼，张牙舞爪地命令我去做一些事情。我知道他结婚的前一天给他发短信，说要和他谈谈，他没有回复我。我被气疯了，我在他婚礼的那天故意晕倒，我很清楚自己的处境，我不能说什么，但我能做的就是以这样的方式阻止他，可他的婚礼还是继续举行，而我被送到了医院。"

我静静地听她说，但我感觉她的爱好像还有一些不同寻常。

心兰继续说："他没有去医院看我，却在享受他的幸福婚姻，我不能如此放过他。我就把我们曾经的照片和书信都寄给他的女人。我等待他的家庭四分五裂，但结果并不是这样，他们好似很平静。我忍耐不住，去了他家，看着他家的灯火通明，从他们家还可以传来钢琴的声音，这个声音刺痛了我，我做的这一切，并不能让他回到我身边，更没有让他得到应有的惩罚，这深深地伤害了我。我日渐地心理不平衡，而我再也想不出更好的办法去报复他们了。"

面对心兰充满仇恨嫉妒的内心，似乎我的语言也有些苍白。我说："你还有孩子，你能否为你孩子找寻你自己。这样的持续对抗，并不能带给你想要的一切，也不能挽回你失去的爱，更不能给自己带来欢乐。"

阳光很温暖地穿透纱帘照耀在她身上，却不能温暖她冰冷的心。音乐缓缓流动的空间并不能给予她内心的平和。半年的时间，似乎并没有让她渐渐平静，而是日益加深仇恨。

心兰眼神退却了一些仇恨，多了一些无助，"这正是我悲哀的。我无法照顾孩子，因为我连自己都无法照顾好。"

我说："那孩子现在和谁在一起，你的前夫吗？"

心兰愣住了，想了半天最后对我说："我没有离婚，我和丈夫在一起。"

我突然明白了，为何她一个人咀嚼内心痛苦，为何她无法告诉别人她内心的酸楚，为何她认为没有人可以了解她。

我说："那么你和他相爱的时候，你有家庭和孩子？"

心兰无法再逃避我的询问，"是的。"心兰眼睛湿润了，"一切都是我自己造成的，是我太贪心，是我太虚伪，是我太自私，也许这一切都是我自己的报应。"

◎心兰的故事

心兰是家中独女，童年幸福地度过，用她自己的话说就是：家人总会满足她的各种愿望，她没有得不到的东西。

心兰第一次恋爱就成功了，大学毕业那年嫁给自己现在的老公。他在众人眼里是优秀的，拥有儒雅的外表，拥有骄人的财富，那时她很满足很幸福。老公很疼爱她，甚至宠爱她，她要什么，他的老公都会为她去做，会满足她。几年的婚姻生活从甜蜜逐渐走近平静。他们的孩子在幸福中降临，她的家庭无可挑剔，是幸福的。

他的丈夫希望她在家做一个全职太太，精心的照顾孩子。可她认为，女人还是要有自己的工作，于是她凭着自己的才智一直稳坐一家外企的总经理助理，一做就是十年。她一直满意自己的工作，因为她的娴雅和智慧。

孩子两岁那年，丈夫为了事业奔波于深圳和上海两地。独自一人的生活让心兰感觉到思念的寂寞，丈夫安慰说：希望他们早日成功，积攒足够的钱后就退休相守在一起。心兰虽然知道丈夫的辛苦，也支持他，但内心的孤独也只有自己知道。

前年公司新招来一批员工。有一个女孩和她走得很近，总是和她讨教很多东西，也彼此分享一些各自的小小秘密。女孩告诉心兰她自己的恋爱史，虽然都没有走到婚姻，但她却快乐地享受着爱情带给她的喜悦。女孩在男女之事上有着惊人的魅力，她喜悦于自己的性快感，也欢喜自己在性爱中绽放的魅力。心兰听到这些，才发觉自己虽然已婚，却是一个单纯的女人。她渐渐地渴望也像女孩那样拥有整片森林，而不是独有一棵大树。女孩听到她的羡慕告诉她说：其实，我才羡慕你呢，如果我可以靠一棵大树，那该多好了。整片森林固然魅力无穷，但女人最终还是要有一棵大树让自己可以倚靠，这样才有安全感。

心兰却觉得她一生都在一个男人身上，突然感到很可悲，甚至是孤独。她开始向往多些经历去丰满自己的人生，而这时，这个男孩就出现了。

男孩比心兰小六岁，对心兰很好，用男孩后来的话说，心兰是一个完美的女人，拥有男人向往的一切，温柔，贤惠，从容。在她的身边感觉好似姐姐的温暖、妈妈的善解人意。

心兰希望得到这个男孩的爱，但她知道男孩只是对她情同姐弟，而非其他。心兰渴望和男孩相处的时候，就会有意告诉他，今晚我要加班，你能否陪陪我的孩子，男孩自然愿意。心兰发现她的一些谎言可以让他多些呆在自己身边时，她想到了更多的谎言。

于是，在一次同事聚餐后，男孩送心兰回家的路上，心兰用酒醉后的谎言说出自己的痛苦，她并不幸福，因为他的老公在深圳爱上了别的女人，而她却把这样的痛深深地埋藏到了自己内心。很多人看到她是幸福的，其实她是痛苦的。心兰的手抚摸着男孩，男孩看到心兰的眼泪，也哭了，说你要保重自己，我会对你好的，你放心！

男孩对她比以前更好了，但这并不是心兰想要的。在一个风雨的夜晚，她哭着电话给男孩说她害怕，她要完了，男孩急忙赶到她的家里。心兰告诉男孩说她今天刚做完医学检查，她得了肺癌。她哭着说，这个世界怎会如此的不公平，她已经失去了家庭，还要夺走她的生命，而她现在的愿望就是说出自己对男孩的爱。男孩惊呆了，他哭着抱起已经泣不成声的心兰，说我也爱你，你放心我会照顾你的。最后男孩吻了她，也吻干了她的眼泪。

心兰终于得到她想要的这个男人，她说不只肉体，还有精神上的爱。她体会到了这生从未有的激情，她体会到了一个男人心痛的眼泪，她更加满足于自己的谎言，她对自己的解释是：为了爱情，需要作出一些牺牲。她的生命重新焕发光彩，这个男孩的激情和执著的爱让她燃烧了。她似乎忘记了家庭，但她相信有能力处理好这一切。

刚开始的甜蜜还没有让心兰去品味，她发现了男孩还有其他的异性朋友，男孩和大学时期的一个女孩总是保持联系，心兰的嫉妒开始蔓延，她不能允许他对自己不忠，于是她用更动人的谎言告诉他："我没有了未来，也不希望你的一生都在我的身上，你需要找寻你自己的幸福，如果你有了你爱的人，请你珍惜，不要在乎我的感受。"

男孩很感动，"我不会的，我会默默守在你的身边，照顾你，直到你不再需要我为止。"男孩真诚的承诺成为了日后心兰最终的痛，因为他并没有做到，他们的爱情还没有到一年的时候，男孩就已经毅然离去。

心兰这时用含泪的眼睛看着我说："你会相信男人的海誓山盟吗？男人的话值得相信吗？"

我说："我相信，也许有更多的原因让男人无法做到他的承诺，但是说的时候却是真挚的。也许你需要更多想想为何他会离去。"

心兰继续回忆，男孩虽然没有再和大学的女友再联系，而我却越发不能忍受公司的女性员工对他的好感，甚至开玩笑。我的爱自私且可怕。我告诉他，自己的人生就要结束了，希望他可以找寻自己幸福。男孩开始是真的感动，随着我说的次数增加，他好像也读懂了我的意思。他告诉我说：希望我不要胡思乱想。但这不是我想要的答案，我希望他不断的重复，他只要我一个人，可是，后来我渐渐听不到了。

有一次，我看到男孩和女同事在笑谈，我气愤地对他说："你是不是看上她？"

男孩惊讶地看着我说："你是不是疯了，这话怎么会是你说的?"

我突然的冷静下来，我哭着说我在意他。他原谅了我，可我们的感情受到影响，我明显地感觉到他开始疏远我。

有一天我和他在一起时，他的情绪很不好，他对我说的话让我不知道该如何回答。他说，他看到我丈夫来接我，手里拿着鲜花，握着我的手。那时的我是幸福的，甚至是开心的。他说："我真的怀疑你们这对没有爱情的夫妻。你们都做得很好！你们真的很虚伪！"

我有片刻不知道该如何回答，最终我冷静下来。我告诉男孩，我的先生也知道了我的病情。他很后悔，而我也不久于人世，对他宽恕是我需要做的，毕竟他是孩子的父亲。

男孩再次相信我的谎言，他承认自己也有嫉妒，也有着不满。当我听到这一切的时候，我却很开心，因为我感觉到他真的很在意我。

谎言最终是谎言，男孩要陪我去医院，我总是支支吾吾推的不去。我说，没有用了，或者说不要再浪费钱。男孩说："为了爱，你要勇敢地去治疗，活下去。"我总是有很多借口不去，他会和我生气，后来又求我原谅。那时，我真的感觉谎言给我带来的巨大的压力和爱的感动，而我自己再也无力去承担这些谎言和对于自己的诅咒，我终于说出了真相。一切都是我骗他的，我以为他会因为爱我而原谅我，可我错了。他的眼神变了，他一直后退着，像不认识我一样，说我是一个可怕的女人，说我的外貌如此高雅美丽，我的内心却如同毒蛇蝎子一般邪恶。他哆嗦着点燃香烟，我哭着求他原谅，这时，他狠狠给我一个耳光，我吓坏了。我说："你可以打我，你可以骂我，但你不要离开我。"

他说："从此我再也不会相信你！"这是他对我说的最后一句话，而我彻底失去了他。

接着，他离开了我们的公司，我找到他的家，他父母告诉了我他新的住处。求他原谅，他一句话都不说。最后他推我出去，任凭我怎么敲门，他也不开。

那段时间，我真的病了，不吃不喝，也不能睡觉，就在那时我给你写邮件。我以为我可以度过这段痛苦，可我错了。那时，我的丈夫因为过年在家住了很久，我不能流露出自己的心事，我不能再失去丈夫。我只是告诉他我身体不舒服，他对我处处充满了关怀，却让我自责万分。我心中的秘密折磨得我快疯了，我的身体里就像有两个我，一个是曾经那个温柔娴雅的我，一个是现在这个阴险毒蛇样的我。老公在家的那几个月里我还可以控制自己，就在老公离开上海的当天，我又到了他家，这次他没有给我开门，而我站在他的门外整整一夜。

后来，我从其他同事那里知道他已有了女友，并且准备结婚。我受不了这样的打击，他对我的承诺呢？他对我说照顾我一生的承诺呢？他说爱我一辈子的承诺呢？都是骗我的！他对我是这么的无情残忍。

同事们邀请我一起参加他的婚礼，我笑着答应了。我发短信告诉他我要和他最后谈谈，他没有回复。我告诉他，我会毁掉他的婚礼，他也没有回复。一夜没有睡的我脸色很不好，我精心打扮了自己，穿了最美的衣服。我出现在他的婚礼上，他竟然笑着对我说：谢谢你出席我的婚礼，请到这边坐。我告诉他，我会毁掉他，他仍然笑着说："好的，你想做什么，你尽管做！我失去的，你同样会失去。同事，上司，你的丈夫，你的孩子，所以，如果你喜欢，尽管做真实的你！"

当我听到他这些话，突然感觉天旋地转，我怎会爱上这样的男人？我看到了他的妻子，是那么的丑陋，是那么的假笑，是那么的恶心。他们走到我的面前给我敬酒，说这是兰大姐。他妻子看着我说："早就听说你。"我不知道他会给她说什么，我站起来的时候突然倒了下去，所有人惊呼着冲了过来。他的妻子握住我的手对他说："快，快，送医院。"我听到他说："医生马上就到。"

我被送到了医院，据后来同事说，他们很快乐也很幸福。我的晕倒并没有给他们带来不快和难堪，我的心里气愤不已，我的爱逐渐被愤怒替代，我像魔鬼一般开始了我疯狂的报复。我要告诉他的妻子，我要他无地自容，我要他毁灭。可我发现，我并没有伤害到他，却伤害了自己。

心兰此时哭了，哭的很伤心。

心兰抬起头来说："楚涵，你说，我该怎么办？我怎么才可以忘记这一切，甚至放下这一切？我怎么才可以再回到以前的心理宁静，怎么才可以重新面对我自己？"

我看着她，心中百感交集。我说："首先，你需要重新认识你自己。"

心兰说："我自己？"

我和心兰做了很多的假设，如果是一个你爱的人用谎言欺骗了你，不管理由是爱还是其他，你会怎样？心兰回答说："我是无法接受这个人的，这个人太可怕了。"

我说："很好，那这时，就需要想想男孩的心理，是否他也会有同样的感受？很多时候，心兰你只是站在你的角度去思考，而忽略他人的感受。我们可以为爱去努力，但爱不是设计出来的，如果我们自己做不到真诚，别人也无法理解你的爱。你曾经说过他对你的美好评价，如果对一个人最初的美好印象，在他了解真相之后，那么对于这个人重新认识是毁灭性的。我想，他的离去应该比你更痛苦。

"我们再来想想你认为的欺骗。那时，他对你的承诺是真实的，出于对你的爱和他自身的善良。如果你身患癌症，如果你和你的丈夫已然分手的这个事实成立，他会遵守他的诺言，而不是决然离去。他并没有欺骗你，甚至是善良的，爱你的。而你只是看到最后他的离去，你只是在意他的欺骗，却没有理解他为何要离去。你只是看到他的无情，却忽略自己的行为带来的伤害。

"心兰，你想过吗？如果他不离去，你们的爱怎样发展呢？你要和先生离婚吗？你要和他在一起吗？或者你拥有两个人的爱在谎言里度过一生吗？"

心兰很久都没有说话，我静静地等她自己找寻着答案。音乐在我们的心灵上空回旋，让我也沉思很多，我不知道她会如何选择。窗外小鸟栖息的树梢在春风的吹拂下摇摆着，而我对面的心兰此时静默不语。

我起身为她倒了一杯热水，她接过水温暖着自己的手。她终于开口说话了。

"楚涵，到今天我才发现我是多么自私的女人。我什么都想要，什么都不想放弃。我想要老公对我的爱和关心，他就像一棵大树让我倚靠。我也想要男孩的爱，因为他让我感觉激情的存在，我还年轻。我从没有想过离婚，也没有想过要和男孩在一起，我只是理所应当地认为，拥有我自己的家庭，和属于自己心底的爱。"

我告诉心兰："这两者至少在你这里是无法并存的。那么你此时还拥有你自己的家和老公，还有孩子。男孩也是爱你的，在他认为你如此艰难和困苦的时候，他都爱你。所以，你已经得到了他的爱。虽然没有你想象的那样完美，可以拥有一生。可至少值得我们去珍惜，而不是在离去之后报复和自我折磨。在你内心完美的要求里只有一点点没有得到，但你还是拥有更多。你需要珍惜你现在拥有的一切。

"有的时候，完美可以让我们做的很好，但追求完美的方式偏离真诚，结果的不幸也需要我们勇敢地承担，你需要为你所做的去承担和面对，你需要正视自己的谎言，你需要理解他人的感受，甚至你要考虑的不只是气愤和愤怒，你还需要考虑现实。这样你就不会迷失，你就会知道你要做什么，而不是让自己伤悲，甚至自我折磨。"

我和心兰仅仅用了四个小时就结束了心理咨询，因为她已经找到了自己。

心兰说："我终于了解了自己，也认识了自己，我做错了很多，我再也不能这样错下去。我会很好地分析自己，而不是任性下去。我要学会珍惜我还拥有的。想起他还有些痛，可这都是我的错，否则不会发生，我们还会是很好的朋友。"

我说："原谅自己吧，无论我们做错什么，当我们知道并且能及时完善的时候，一定要学会的就是原谅自己。"

心兰问我最后一个问题，"他的妻子看到我们过去的信件，为何没有影响到他们呢？"

我笑了，这样的结果就只有一个，"真诚。我相信，他对妻子早就说明了一切，他的妻子可以理解，甚至拥有一起共同面对的决心。所以你任何的做法都不会伤害他们，只会让他们更加地紧握双手一起面对情感的考验。"

心兰有些紧张说："那我要不要和先生说我的秘密呢？"

我说："每个人心中多少都有自己的一些秘密，如果这个秘密可以和丈夫分享，那么你需要承担带给彼此的情感影响。如果你还没有做好准备，还是把它很好的掩藏到内心深处，自己来承担。"

心兰最终也没有和丈夫去谈及她的这段人生历程，因为她经历了这件事情之后，她长大了，更为成熟，更知道她要珍惜的。

我和心兰最后一次通话愉快结束，她问我："楚涵，你觉得我是坏女人吗？"

我笑着告诉她，"我只是心理医生，不是道德评判者。而我想说，我们人类，内心都有天使的一面，也有魔鬼的影子，只是在于我们如何平衡自己的内心。天使也会犯错误，魔鬼同样也会做些好事情，而这次你经历了成长，你就还是天使……"

新年钟声敲响的时候，心兰给我短信，说她现在很好，并祝福我新年快乐。看到这个一度迷失自己的美丽女人，我很开心地看到她又拥有了自己的幸福。我的祝福也立刻传递给她，一切都回到平静，就像我面前的小河的水静静的，蓝蓝的……

◎心兰的案例分析

○潘多拉的魔盒

在希腊神话中，潘多拉带着装满灾祸的盒子来到人间，它是诸神送给人类的礼物，外表美丽而诱人，并被称做"幸运之盒"。然而，当这个所谓的"幸运之盒"被打开后，所有的灾祸都跑了出来，到处游荡，日夜危害着人们。

其实，每个人的心中都有一个潘多拉的魔盒，它神秘而令人向往，它强烈刺激着每个人的好奇心理和占有欲望。

对心兰而言，她心中的魔盒便是对性的愿望。当和她的女同事谈及性趣之时，这个魔盒就被一点点开启了。心兰是家中的独女，从小备受关注，一直以来她的心愿都能达成，优秀的先生，甜蜜的婚姻，令人羡慕的职位。然而，女同事的话似乎让她感到了一丝生命中的不足，弥补这一缺憾的念头此刻开始萌生。

随着男孩的出现，愈加激发了心兰藏于心底的愿望。此刻，心兰已然无暇多想其他，心完完全全被那魔盒操控。她开始编织一个个美丽的谎言，并一发不可收。每个谎言之后都让她感到离自己所愿愈加接近，可即便是最初愿望已然实现，另一个新的愿望却又出来了。从对肉体的追求，演绎成对精神的渴望，从伊始的好奇试探到后来的占有操控。谎言也成为达成这些的最佳手段。

即使是再美丽的谎言，也会有被识破的一刻。心兰感到的是一幕幕的倒退，从精神上的排斥到肉体上拒绝，似乎一场自己编织的妙幻的梦即将破碎。它来得那么突然，叫人没有丝毫的预备，它碎的那样彻底，叫心兰没法说服自己接受。一方面她不得不强作平静力求保留完好形象，一方面她急切地想尽办法试图挽回那男孩的心。然而，又是一个谎言，男孩再没有曾经的怜爱和心痛，有的只是冷漠和愤怒。至此，那魔盒彻底的紧闭，一场看似绚丽的灾祸也随即消逝，留给心兰的只是无尽的伤痛和苦涩的记忆。

○魔盒再次开启

人类的行为动机是来源于每个个体都能找到的心理能量，这些能量一旦受到人与生俱来的本能或驱力的激发，就会以各种各样的方式表达出来。精神分析学派创始人弗洛伊德曾这样提到。其中，本能和驱力所包含的一方面是人类的生存需要，如饥饿、口渴，另一方面是人类的性本能，被弗洛伊德称做力比多。

事实上，一旦这些需要或本能被压抑，将直接导致心理能量缺失，使人的行为变得异常，时间一久更有可能产生不良的心理状况，如：抑郁、焦虑、强迫、恐惧等。所以，那魔盒需要被打开，但只有选择适合自己方式方法，才能彻底激活能量，释放压抑，而避免灾祸的发生。

一系列的事件过后，除了苦痛之外，心兰更多所感受到的是来自老公的温暖。在咨询师的帮助下，心兰清楚地看到了自己的心理发展过程，理解了自己，也理解了那个男孩，知道了什么是自己真正所愿，找到了释放压抑的最佳办法——和自己的先生共同努力。

当我们压抑或有所需求之时，首先要分析清楚的是产生他们的原因，然后再理性的去找出释放它们的合适方法。依赖谎言所占有的只能是一时的情感，而无法得到永恒的爱情。

12. 情人节的葬礼——恋爱情感的创伤

> 最杰出的人总是用痛苦去换取欢乐。
>
> ——贝多芬

2004 年 2 月 14 日情人节。

午时的阳光照进我的咨询室，我端着咖啡看着窗外。我看到附近花市的花童，手捧着玫瑰穿过街道，我似乎看到接受鲜花女人幸福的笑脸。

我等着我的客人，昨天电话里他一定要约在今天咨询。两点，他走进我的咨询室。

他选择坐在我的对面和我谈话，而我多数的客人都会躺在那张舒适的贵妃椅上，抱着心形的小枕头，看着天花板告诉我他们的心灵。

我又一次感到这个微笑背后深深的伤痛。他是一个成熟帅气的男人，三十五岁，至今未婚。我从他的衣着上看出他的品位和高雅，我等着他说话，但是他只是看着我，目光里有着惊奇和震动。

　　我笑了，"怎么，你见过我？"

　　他说，"您长的好像我的女友。"

　　我说，"是吗？那么怎么选择情人节来做咨询？"

　　他说："因为我害怕这个日子，每年的情人节我都不知该如何度过。"

◎斌的故事

　　我的父母都是上海的高干，我有一个同父异母的姐姐。我从小幸福快乐，甚至在娇惯下长大。

　　我的女友出现在我生命里最得意的时候。我被她的柔情和无怨无悔的爱所打动，她是如此安静且甜美。而我是如此的不在乎她的感受，我在欢乐的时候几乎忘记她，只有在痛苦的时候我才会想起她。她就像一个港湾，始终等待我漂泊累了回来。

　　那时，我是一个被惯坏的孩子，1996年的时候贪玩而没有责任心，可她始终只是沉默着等我长大。现在我还依然想念我在她的怀里，她抚摸我的头，柔柔的、轻轻的。

　　他沉浸在这段回忆里的时候，我没有打扰他。他的声音充满磁性，他的语言透着苍凉。

　　她的好我一天都说不完，可那时我看不到这些，只是在我需要她的时候可以感受得到。我以为我可以忘了她，可是我做不到……

1998 年 2 月 13 日我们在一起的时候，她躺在我的怀里对我说："你会娶我吗？"我却告诉她："那要看我们是不是有缘。"我想她一定很失望。

第二天是情人节，我和她一起去给我的朋友过生日，那天，她很美丽，我突然觉得她的好。我们走在路上的时候我给她买了一支玫瑰，她很开心地给我一个笑脸，至今让我无法忘记。

在朋友的生日 Party 上喝多了，我和朋友为了一件小事而争吵。她要拉我回家我却甩开她，她再次拉我的时候，我不知为何给了她一个耳光。她哭了，冲出酒店，一辆汽车突然撞上她，她飞起来，重重的落在地上。

朋友们都跑出去，我的脑子一片空白，但是我不知该怎样。我突然意识到有可能这个女人永远要离开我的时候，我发疯一样冲出去，我抱起柔软的她，我哭着对她说：我要娶你回家，你一定要好好活过来。我已经忘记叫车，我抱着她在大街上狂奔。朋友追上我，坐在车里我颤抖着紧紧握住她渐渐冰凉的小手，凝望她苍白的、美好的脸庞痛哭。终于到了医院，等她进了手术室我已瘫倒在地。

他停顿下来，眼泪已落下，我看到很多男人的眼泪但是这个男人的眼泪让我更震动。

她还是走了，我没有留住她。

我不断重复着我要娶她，求她一定一定好起来。

在她生命的最后一刻，她对我说：我希望你以后找一个爱你的女人，好好珍惜她，那我就放心了。我看着我的衣服沾满她的鲜血，我心痛得只想和她一起走。我不知我怎样回的家，我没有参加她的葬礼，她的家人不愿意再看到我。

这些年来我只有拼命工作，但她已是我的深深烙印。我没有心情和别的女孩重新开始，我只有在黑夜里咀嚼我的罪恶和痛苦。我想去看她，可她的家人恨我。我也只有在夜里怀念她，甚至夜夜失眠。

以前我喜欢吃橘子，现在我不吃了，因为她生前最喜欢吃。我从不敢到她的墓前去看她，只是到了夜里，在剥开的橘子上燃一根烟，告诉她我的思念和我的痛苦。夜里，我就像一个疯子，对着燃起香烟的橘子自说自话。有时，我都会自己吓到自己。看到她向我走来，满身是血。

斌终于舒了口气，看着我说："这是五年来第一次向别人讲我的故事，说我的伤痛。我感到如果再这样下去，我会崩溃，因为我一天天忧郁起来。我无法面对黑夜，无法面对一年一夕的情人节。我只有选择这天来到你这里，也许讲给一个陌生人听我的故事，会让我度过这痛苦的一天。"

心结始终缠绕，会让我们越来越沉重，而斌的诉说只是打开心结的第一步。

我说："如果你想改变现状，首先你需要勇敢的面对你的思念，去告诉她你的感受。当我们一旦去面对自己的时候，一切都会慢慢改变。当我们始终都在自责里，无法原谅自己时，我们越来越会不知前行，而失去了自己。

离开的时候，斌和我握手，说谢谢。

我对他说："她本是善良的女人，她早已原谅你了。在五年前，你记得她最后留给你的那句话吗？让她在天堂看到你幸福，好吗?"

斌说："此时，我做不到。"

斌消失在上海的繁华里，我不知他的真实名字，我不知他在哪里工作，但我知道，如他所说，会在今天买一束玫瑰在黄昏的时候，送到她那里。我知道以后每个情人节他已不会再逃避，他知道该如何面对已经失去的爱人。

◎情人节后的斌

曾以为斌会消失于红尘之中，以为再也没有他悲伤的声音，也想又一年的情人节，是否他还会痛楚无助。斌却在春光明媚的日子来到我这里。

斌说："我想继续做心理咨询。"我笑了，我们的心理治疗从此开始。

斌在那天离开之后，怀抱玫瑰去看了她，看着静寂的墓碑，眼泪流了一夜。斌在意象分析里也只是面对自己的心灵颤抖，他依旧看到浑身是血的她。我们起初谈论的都是关于她的一切，她的好，她的善良，她的柔情，和她的惋惜。

斌在最初的不愿面对，到最后谈起她的各种滋味，让我知道他不在逃避，不再封锁。斌的言语还是透着苍凉，只是不再把心定格在她离开的那天了。斌至少知道一切都过去了，自责也在慢慢淡化，他知道天堂里的她微笑着看他，期盼他幸福，因为人都希望爱的人幸福。

时间是匆匆而过，他的心情一天天好起来，我越多时间感受他的笑容，感受他一天天的快乐，我也随之而快乐。他会和我一起讨

113

论他的心情，一起怀念天堂里的她，一起讨论爱的意义，一起讨论如何让他的企业更好，一起讨论如何完善丰满我们的性格，甚至他会给我建议黄手绢心理咨询中心的发展。

他的眉头不再似从前那样，渐渐舒展，他的心也不似从前时常阵痛，他的工作热情依然如初，但情绪不再似以前那样悲愤。

每星期他都会如约而至，他的神采慢慢飞扬，他的微笑终于全部绽放，我在三个月的心理治疗总结时说："斌，你好了，我们之间的咨询也该结束了，我可以放开你让你高飞了……"我伸出的手，他没有握……

斌重新陷入悲伤，他说："我喜欢你。"

"我理解，我也相信，我是你一片黑暗中的一根火柴，照亮了你眼前的世界，我是你在汪洋漂浮无助时候的小小木板，抓住我你走向岸边。

"你会喜欢我，我们的治疗才会更加的成功，因为这是前提，如果不喜欢，我们如何合作？你会喜欢我，你的好转，不只是因为我的努力，也因为你自己在努力，我们一起的努力，你会喜欢我，也有我似她的影子。"

斌又皱起眉头，"有时，看到你的酒窝，我以为她回来了。有时，看到你的谈话和性格。我深深感受，你就是你，因为你是那样的独立，是那样的坚强和个性。你的温柔不是她那样的顺从我，你的笑容不只是对我一人才如此灿烂，我有时也不清楚，我喜欢的是你，还是她的影子，但是我知道和你结束咨询，我会很伤心。"

我微笑，"我们不是别离。"

斌说："此时，我不能终止心理治疗，我不再说我喜欢你了，你也不要把我转介给其他人。"

斌继续在我这里咨询，他很小心地回避自己的感情，依旧是每星期来。我们在以后的咨询时间里，渐渐的谈我更多了，我的爱情态度，我的感情向往，我的人生计划，我曾经的苦痛，我的欢乐和微笑，我不轻易暴露的缺点。

斌越来越了解我了，他不再似从前那样看着我发愣了，他越来越清楚地知道我不是她，不是，除了外貌的惊人相似，影子越来越模糊……

十月，上海秋风宜人，斌自己说："你觉得我好了吗？"

我说："你认为呢？"

斌笑着说："感觉好多了。"接着他很严肃，"我知道你是你，你不是她，我知道我要做什么了，我要终止咨询。"

我微笑。

"我爱你！如果不终止，我会永远说不出口。"

我没有回答，只是望着窗外，看流水人生，回头在看他时，我掩藏我的感动。

斌说："我知道，我需要时间来判断对你的情感，我也知道你的职业不允许你做出很多，但是我会给自己一个机会，也给你时间。"

斌走了，偶尔也会有消息传来，他出国办事了，他的事业进行新的运作，他的心情还是会起落，但是充实而快乐！

上海久违的一场大雪降临的时候，我收到了斌的短信：爱你，越来越清晰地知道，满天飞雪是我的思念，那是给你的……我在等你，等你有勇气来爱我！

我回复：多保重！

而我更了解自己的情感，当太多的因素让我不能爱的时候，这不光是职业的原因，还有自己对爱的理解和自我的期望，我早已经放弃了追寻。

一年后我找到了自己的爱人。我告诉了他。很久没有他的消息，直到有一天他给我短信，祝我幸福，并告诉我他也会努力去找寻属于自己的幸福。

◎斌的案例分析

○记忆印象与感官推断

哲学家休谟曾提到：人们关于因果的全部推断都是由两个因素组成的，一个是记忆印象或感官印象，一个是产生印象对象的，或为这个对象所产生的那个观念。

这就如同一个人曾经被小狗咬伤过，此后，在他的记忆和感官印象中小狗便成为了凶猛的并足以给他带来痛苦伤害的动物，当他再次看到小狗时，即便是温顺可爱的，也多少使他感到畏惧、害怕；相反，如果一个人从小就有一只小狗陪伴他成长，那么，此后在他的记忆和感官印象中小狗便成为了温顺的并可以成为朋友的动物，当他再次看到小狗时，即便和那只陪伴他的小狗的外貌或性格有着较大的差异，也将多少唤起曾经的快乐，他的感觉是温暖的亲切的。对于人与人而言，情形往往要比之复杂得多，其中掺杂了更多的可左右其记忆印象和感官推断的因素，就比如交谈和倾诉。

斌深深爱着他的女友，在女友遭遇车祸的那一刻斌就在她的身边，斌也亲眼目睹了那血淋淋的场景，这一幕在斌的心中留下了深深的烙印，同时这也改变了斌的生活，他开始拼命工作，以求在忙碌中忘记曾经发生的一切，然而孤独的深夜却令他更加痛苦，每每都是在记忆中反复挣扎。直至他遇到了他的咨询师——楚涵，在持续的咨询过程中信任被慢慢的建立，斌的心扉被一点点打开，深埋心底的记忆终于能够与另一个人自由分享。

随着咨询的进行，斌的心里却有一种模糊的感觉油然而生，在分享之余，曾经的痛苦慢慢消退，弥留的更多是快乐的体验，与此同时，对自己的咨询师也增加了一份莫名的情感，用斌的话说是喜欢。事实上，在斌的记忆中一直以来都完好地保存着他爱情观念的原有秩序和位置，即使它是足以引发其痛苦的。而当咨询时他记忆中的情节被触动之后，原有的观念便受到了一些新观点的冲击，并由此引发了与以往不同的感官推断。确切地讲，斌依然爱着他的女友，依然能够清晰的忆起曾经他们的快乐，只是那些痛苦的感受被有效缓解了，而他对咨询师的情感是其经验借着新的知觉之中的某种联想推移而生的，也就是说，斌所谓的这种喜欢或者是爱并不与其原有的本性相符，并不适合其原有的爱情观念，只是力求弥补自我心里空缺的一种实际做法，一种渴望自我愉悦的本能，这实际上并非爱情。

○移情

在深入的精神分析过程中，被咨询者常常会对咨询师产生一种情绪反应，这种情绪反应表明个体处于过去某种情绪冲突的中心，最为常见的是针对其父母或所爱的人的情绪冲突，这种情绪反应被弗洛伊德称为移情。事实上，斌所遇到的情形就是对其咨询师的移情。

移情可能是完全自发的、不招自来的反应，表面上它看起来更像是爱，但它决不是爱，它就如同一柄双刃的剑，当它被咨询师良好把握时，能对被咨询者的咨询效果起到明显的推动作用，相反，当它被咨询师运用不当的时候，将会给被咨询者带来更多的问题和困惑。

咨询师对斌的移情把握是成功的，通过移情让斌淡化了曾经的痛苦，通过移情让斌重燃了对爱情的希望，通过移情也树立了斌对生活的信心。

一段爱情纵然已过，留下的只是或多或少的记忆，是愉悦、是苦痛，面对他们不能改变的依旧是那颗对爱情充满期待和向往的心。忘却应该忘记的，记下值得回忆的，爱情将永远属于我们。

第三章

情绪篇

13．小兰的心事——创伤后心理障碍

> 痛苦这把利刃一方面割破了你的心，一方面又掘出了生命的新的水源。
>
> ——罗曼·罗兰

小兰是某广告公司的高级主管。已经有一段时间，小兰感觉身心疲惫，夜里总是失眠，总是莫名发火，时常有悲观消极的想法，甚至不想工作。小兰也尝试过放松自己，但都无效，还是那样的不可自制地情绪低落。她在书上和网上看到很多关于她这种情况的描述，她认为自己得了抑郁症。

我和小兰的心理咨询就此开始。

在心理咨询的过程中，小兰说："我没有理由不开心的。"

小兰的婚姻是美好的，和丈夫之间是恩爱的。因为想多些时间享受两人世界，小兰和丈夫决定再过两年要孩子，所以相对来说，

家庭的负担小很多。夫妻的经济条件也很好，小兰自己有着不错的职位和薪水，丈夫是一家大企业的高级经理。双方父母身体都很健康，她自己也实在想不出抑郁的理由。

小兰说她睡不着觉的时候，丈夫就握着她的手，陪伴着她，她又是感动又是无奈。这一年丈夫给了她很多的关爱和宽容，可她还是感到无比的伤感和迷茫。于是她责怪自己，后悔自己总是会发脾气，而她却力不从心。

我问小兰："睡不着觉的时候，你在想什么？"

小兰说："什么都想。想自己怎么变成这样！想过去，想人怎么就那么脆弱，想人生怎么那样的变化无常。"

我说："你的人生不断变化吗？"

小兰说："比如昨天吧。我和同事 Nice 关系很好，我们在一起共事四年了。可是，她和我什么也没有说，就辞职了。等她告诉我时，她已经在收拾东西了。我的心里就很难过，为何她不早点和我说呢？"

我说："如果她提前和你说，你会心理好些？"

小兰说："我想是的，至少我有心理准备啊。也许她辞职有她的理由，而我并不是想阻止她，只是我们关系这样好，她这样离开，总得给我一个心理准备的过程吧？"

我问："你问 Nice 了吗？"

小兰说："没有。我觉得已经没有这个必要。"她说这话的时候，叹了一口气。

小兰说自己以前不会这样婆婆妈妈的。以前我老公晚上回来再晚，我都会放心等他。可是，现在如果他下班还没有回家，我就着急给他电话，问他在哪里，如果他没有接我的电话，我就控制不住一直打到他接为止，等他接了电话我就忍不住生气地问他为何不接电话。那时，我根本无法去听他的解释，我不是哭就是发脾气。

小兰深深叹口气说："其实，我不只是对老公这样，我对我自己父母也是这样。我给他们买了手机就是为了方便联系，有时，他们没有接听我的电话，我就会慌乱，也没有心思工作，有好几次，我直接开车回家，看到父母后，我会责怪他们出门不带手机，甚至把手机都摔了。我现在的脾气这样坏。家人都感到不解，以前我可不是这样的。我也对自己越来越失望了。"

我说："如果他们不接电话，你担心他们什么呢？"

小兰说："我也不知道，也许是怕他们出事吧。"

我进一步问："他们有出过什么事情吗？"

小兰摇摇头说："这倒没有。"

我看着小兰的眼睛继续问："你身边有发生过什么意外的事情吗？"

小兰突然哭了，"两年前有过。"

小兰的回忆让我找到了她负面情绪的来源。

小兰有一个同事也是好友。有一天，她们约好一起去购物。小兰就在商场门口等她，但是她一直都没有来，于是小兰一直拨打她手机，总是没有人接听。两个小时后，女孩的家人打电话说女孩在赴约的路上出了车祸，已经离开了这个世界。小兰听到这个消息时，心里震惊不已。随后，她和单位的同事一起参加她的追悼会，她很难过，也很自责，如果她当初不约她去购物就不会有这样的事情发生。小兰很伤心，但是她不想把这样的情绪带给丈夫和家人，于是，她什么都没有说，把悲伤留给了自己，把自责深深嵌入到心灵里。

随着时间的流逝，小兰逐渐淡忘了这个悲伤，但这一切都存留于她的潜意识里。她开始担忧家人，开始焦虑，因为自己的行为改变而自责伤感、、而陷入抑郁。

小兰经历了沉痛的创伤性事件，在情绪上出现了创伤事件应激障碍（posttraumaticstress disorder，简称 PTSD）。PTSD 是一种应激反应，这些反应当时没有得到及时的心理干预和良好的疏解，最后，这些反应带来情绪上的伤痛而导致各种症状的出现，比如睡眠障碍、焦虑抑郁情绪、极端惊恐反应。

小兰听完我的解释，终于明白了她的抑郁和焦虑情绪来源于同事的突然离去，也明白了自己为何苦苦的打电话追踪亲人的方向，也明白了她自己的莫名发火是对于此事件还存留的自责和不安，也明白了为何自己要不断强调心理准备。

心理治疗的过程中，我采用了格式塔空椅子技术。小兰回到了当时的情境，说出了自己的难过，说出了自己的内疚，说出了所有的心灵感受。她的心灵终于解开了枷锁，重新客观正确的面对人生意外来临，终于走出了自己情绪阴霾。

我们几乎每个人都会遇到亲人或身边的好友离世，虽然生死是人类始终都要面对的现实问题，而这样的不幸仍然会让我们的心灵痛苦许久。当我们遭遇这样不幸的时候，虽然痛苦的心情是意外事件发生的正常反应，但我们还是需要及时处理自己当时的心理感受，和亲人朋友或者心理医生交流，把自己的悲伤情绪，痛苦的感受说出来，以取得及时的心理安慰和心理支持。

◎小兰的案例分析

○创伤后应激障碍

我们都知道或曾经体验过，当手指偶然碰到燃着的烟头时会极快地缩回，当听到剧烈刺激的声响时会立即堵住耳朵，当遇到危机或突然处于险境时会失声大叫。其实，这些都是人们面对痛苦、恐惧时进行自我防御的本能反应，也就是人和动物都具有的应激性。

以上这些情景不但能够引发人的各种不安情绪，还可以在不同程度上激发我们的潜能，身体在极其紧张的状态下会迸发出超乎寻常的力量和速度，同时心理也将受到强烈的冲击，而且这种冲击会根据受创的不同程度延续下去，受创程度越大，冲击延续时间会越久。随着冲击的延续，个体心理的健康发展也将受到一定的影响，这就是心理学中所提及的创伤后应激障碍。

当然，以上所述的情况还不足以称之为创伤，创伤性事件一般指的是涉及死亡、危及生命的个体不可抗事件，这种事件可能是针对自身的，也可能是涉及他人的，诸如，暴力伤害、意外交通事故、突发自然灾难、亲人朋友离世等。

原本和小兰约定一同购物的好友，在赴约的路上遭遇车祸身故，给小兰的心理造成了剧烈的冲击，为了避免影响家人和其他朋友的情绪，个性内向的小兰把这份悲伤和自责深深埋藏在了心底。

这次事件发生之后，每每当亲人不在自己身边的时候，小兰都会开始心绪焦虑，在行为上的表现就是不断地打电话给亲人。事实上，小兰已经把打电话看成了自己的一种责任，亲人的外出都会引起小兰的过分担忧，一旦无法确认亲人的情况，焦虑开始升级为恐慌，在小兰的心里就如同那时一次次打电话找寻她的好友，仿佛接下来的情景即将重演。此刻小兰仍没有意识到，曾经的事件已经被她泛化到了自己亲人身上。

○空椅子

你可以想象空椅子上正坐着一个人，一种物体或是一种感受，然后与椅子上的人、物进行"对话"，这就是源自德国格式塔心理学派的空椅子疗法。

空椅子能够将个体的思想和身体整合为一，可以助人把有关被压抑的冲突和强烈的感受通过想象表现出来。就如波尔斯所说："我们必须重新接受人格中投射出的片断部分，重新接受梦中出现的潜在力量。"

小兰在咨询师的引导下，面对空空的椅子，仿佛看到了昔日的好友坐在那里，她们一同追忆曾经的快乐，一同分享离别的痛苦，小兰再也无法隐埋自己的感受，积压许久的悲痛、自责、感伤统统伴着泪水倾泻出来。

对于悲伤、痛苦，人们往往习惯于自我压抑或是逃避。事实上，只有客观合理地去理解这些发生在我们身上的不良情绪，而不是一味机械地防御或逃离，才有可能真正将它们摆脱。

14．洁癖的烦恼———一种强迫

> 心理病症特殊的强迫症特征，代表潜意识对于纯感
> 觉类型那种马马虎虎，和稀泥的态度的一种抗衡，从理
> 性判断的立场看，是不加分辨地接纳一切发生的东西。
>
> ———荣格

小薇第一次来咨询室的时候，在靠近窗户的椅子上坐下，显的有些慌张。

我问她，"你是不是觉得椅子不舒服？那你可以躺在沙发上我们谈话。"

小薇说："你们咨询室的沙发有很多人躺过吧。"

我实话实说："是的。"

小薇说："那还是算了，我就坐在椅子上吧，只是我想擦擦椅子。"

我笑了说："可以的，只要你感觉舒服一些就好。"

小薇今年 29 岁，在上海，总是习惯说虚岁，所以她应该是 27

岁。每次她的衣服都散发着淡淡的香味，她曾在我面前打开过化妆包，因为眼泪湿了面颊。她的化妆包整齐有序，所有的东西都干干净净，她每次出门会带很多的纸巾，她告诉我外面很脏。

小薇从小被父母教育严格，一直是个父母眼中的好孩子，老师心中的好学生。她对自己的要求更高，以期待家人对她更多的疼爱和老师对她的关心。在高中以前，她从没有觉得自己很累。习惯于每天把自己的小屋打扫得一尘不染，习惯于把所有的东西归类整理，夜晚把自己衣服叠的是整整齐齐，这样才可以安然入睡。

大学的时候，她开始独立生活，住在六个人的学生宿舍，矛盾就渐渐多了。她的习惯是别人无法承受的，而她也更不习惯于其他女孩的生活方式。这样以来，她慢慢疏远了同宿舍的女孩，一个人独来独往，但内心却更不安和郁闷起来。

大学毕业以后，她分在一个不错的单位，最初和同事相处得还算可以。有一天，一个同事从外面回来，拿起她的水杯一口气喝下去。她当时说不出的愤怒，她把杯子当着同事的面就扔在垃圾筒里。同事很尴尬，第二天又给她买了一个新的杯子，她说："我会自己买，谢谢你！"从此她和这个同事就不再说话，但彼此还会每天看到。她越来越觉得压抑和痛苦。其实她也不想这样，她觉得同事把她的杯子弄脏了，即便是新的杯子也是被接触过的。

一直以来她都没有恋爱，她说："也许是大学的同学都知道她这样很难相处吧。"工作后两年，亲戚给她介绍了一个男孩，彼此刚开始都感觉不错，于是进一步交往。当有一天，男孩去拉她的手的时候，她开始紧张。不是心跳得紧张，而是感觉他脏。但她感觉男孩各方面都比较好，所以她认为，感情发展以后会慢慢好吧。直到有一天男孩吻她的时候，她开始出现呕吐。

男孩以为她不喜欢他，也就渐渐疏远她。分手以后，她已经再也没有勇气去重新恋爱。每天她在清洗消毒，反复洗手，疲惫的状态下越发没有生活的勇气。有时，她身体不舒服的时候，也想过就不要再这样了，可她却无法控制自己。

◎小薇的案例分析

○烦恼的由来

小薇从小受到严格的教育，形成自己的习惯模式。这样好的习惯，在单纯家庭结构的父母那里是好的行为，得到父母的认可和赞赏。在随后的学业生活里，她的习惯却未必被很多人所接受，在处理人际关系方面，让她无法适应。这和曾经是最优秀的，受到的老师喜欢，她有了强烈的最初标准。在最初她的眼里，这个世界就该是这样的，所以她无法接受在进入社会后形形色色的不同性格的人和事情，比如随意的拿自己水杯喝水。同时，她无法处理好期望的良好人际关系时，她的内心会更为敏感和小心，于是强迫性的行为日益形成。

期待爱情，是每个人都渴望的，小薇也是如此。但从小的家庭教育给小薇的是，那样的行为是不好的，在自己的理解上性行为是肮脏的。她注重精神上的爱，却无法接受肉体上的接触。

○走出烦恼

在心理治疗的过程中我们需要给予她正确的认知，小薇可以保留自己的洁癖，但要理解他人的感受，理解他人的行为。需要寻找彼此尊重对方的生活方式，而不是刻意期望他人改变来适应自己，这样在处理人际关系上就可以给自己一个缓和的空间。

在性心理的认知上需要小薇慢慢了解，性是爱情生活中最美的乐章，也是人之本能。而握手，亲吻是人类表达爱意的最好方式。

在不停的清洗过程中，虽然很大的程度上是让自己放心，是减缓焦虑、安慰自己的很好方式，还有疏泄情绪的作用，所以对于自己这样的行为要顺其自然。

心理治疗的除了解除和减缓焦虑，也有人格完善的作用。小薇的强迫行为在深层次的意义上说，是追求绝对的完美。当小薇意识到这点的时候，她已经能从容的面对自己的要求和期望，也能逐渐适应一切。

三个月的治疗后，小薇临走时，向我递上她的双手，我握住她冰冷的小手说："再见！继续加油！"

15．癌症患者的心理重建

> 世上最伟大、最重要、而且意义最深的现象，并非"世界的征服者"，而是"世界的克服者"。也唯有世界的克服者，始终能表现其意志的自由。
>
> ——叔本华

我的来访者第一次和我做心理咨询时，都要填写基本资料。我看到陈女士的资料卡"病史"一栏里写着：乳腺癌、糖尿病。

陈女士是我见过的来访者里最坚强的女性。有两种疾病困扰着她。而这两种疾病中的任何一种都足以让人绝望。但是，陈女士并没有输给这些病魔，而是以积极的心态来追寻"甜蜜"的幸福。她说："尽管我的乳房被切除，尽管我终身服用药物来维持血糖平衡，但是我还是希望拥有幸福，哪怕是最短暂的。"

陈女士笑着对我说："虽然我有这样的信念，但有时我会摇摆，我会绝望。而我知道，这样的病却需要一个良好积极的心理，所以我期望以心理调整来帮助我的心情平稳。"

陈女士的头发黑色整齐，甚至刻板。她说："你看，我不得不带上假发，否则我不知道该如何出门。"

化疗让陈女士很不舒服，但她还是坚持到我这里做心理治疗，她说："希望有奇迹。"因为她看到过身边有奇迹发生的人。一个和她有着相似经历的病友，在一次绝望旅行之后，奇迹般康复了，她认为这都是心理的作用。

陈女士讲述内心的时候，一直都是微笑的，我看到了隐忍在坚强下面的压抑。我问她："当你得知自己身体不好时，你怎样想？"

陈女士说："我先是知道自己是糖尿病的，当时是天旋地转。一切都完了。当我还没有完全接纳的时候，我又得了癌症。糖尿病就像终生监禁，而癌症就像是宣判死刑。我经历了一段痛苦的过程，那段日子现在想来都是黑色的。"

陈女士对于这个过程轻轻带过，而我却为之而震撼。这是多么不幸却坚强的一个女人。

陈女士幽幽的眼神看着我说："其实，小时候的我受苦很多，现在有了自己的家庭和孩子，好容易过上了几年幸福的日子。可是……"

陈女士说到这时，哭了。紧接着她就擦干眼泪说："让你见笑了。"

我说："别压抑你的眼泪，哭出来对你有好处。你一直都不哭吗？"

陈女士说："是啊。就是得知自己生病的时候也没有哭。也许是小时候的原因，我知道哭解决不了任何问题。小时候哭的时候，母亲就会更加责骂和严厉制止我。所以我很小的时候就不哭了。"

我问："你难过的时候，会在先生面前哭吗？"

陈女士说："我都很少哭的，我怕影响他和孩子的情绪，有时，我觉得自己是他的负担。有一阵子，我情绪特别不好，当他晚些回家的时候，我就会胡思乱想，他是不是嫌弃我了，不想回家面对我。"

我说："你是的确很坚强，但你也是一个有血有肉的人，你有情绪，开心，悲伤，你还有生理上的病痛，所以，你比正常人更加要学会倾诉，及时地情感宣泄。一切都是你自己背负的时候，你的心理压抑会积累很多，会影响心情，更不利于疾病的控制。所以，你需要和家人倾诉，把你的感受说给他听。我们可以换一个思考方式。假设，现在病的是他，当他告诉你痛苦的时候，你会觉得是负担吗？你会放弃他，或者嫌弃他吗？"

陈女士坚定地说："我不会的。"

我说："是啊。虽然你有自己的切身感受，可是你同样也是他最亲的人。他也不会。至少，在你生病这么久以来，他有嫌弃过你，或者放弃你吗？"

陈女士笑笑说："没有，这只是我的胡思乱想。"

我说："是的，但是胡思乱想会影响情绪和心情，这是负面循环。你需要坚定自己，现在你们在共同战斗，你不是一个人在面对疾病，你们一起用爱的力量战胜这一切。"

陈女士感叹的说："是啊，老公不善言谈，但他说过一句话让我感动很久，他说：'有我在，你不用害怕。'"

陈女士哭了，我没有递给她纸巾，我希望她痛痛快快地哭一场。

我和陈女士的心理调整断断续续用了半年。而这半年里，她的糖尿病得到很好的控制，癌细胞也没有扩散，一切都在逐渐康复中。

我告诉她，我想写下她的经历，得到她很大的支持。她说，"有很多像我这样的病人需要帮助，需要心理上的支持。也许我是个榜样，我愿意将我自己的经历来和大家一起分享，希望给予这些朋友们鼓励和借鉴。"

我说："你是最好的榜样力量！"

陈女士学会了和家人分享她的感受。让家人及时了解自己的想法和需要，这点她突破了自己。我和她做意象对话时，她对于刚刚得知自己有病时巨大的悲伤和震撼进行了回忆，再将当时的感受倾诉出来的时候，她说："如释重负。"我们用意象对话的方式，用正常的细胞和癌细胞进行了战斗，她领会其中的意义，她杀死很多的坏细胞。我们把癌细胞做成坏的娃娃，正常细胞看为勇敢的、坚强的笑脸娃娃。她说，她更加勇敢了，信心也有了很多。

她良好平稳的情绪让她的女儿很安心，女儿越来越听话和懂事了。她说，疾病打倒过她，但却让她深刻思考很多，得到很多。现在，她把每天都当作珍贵的日子好好珍惜，而这一切取决于积极的心态。

给天下身患疾病的人们：当不幸降临在自己身上时，你有一个过程去面对、接纳和调整。这时，你需要勇敢去面对而不是逃避，勇敢会给你带来勇气，而不是消极地让自己陷入悲伤。当勇气足够的时候，拥有坚强的时候，别忘了学会倾诉，把你的感受说给你的亲人或者心理医生，做到及时的情感宣泄。虽然你更有理由悲伤，更有理由地抑郁，而这些仅是不幸事件的正常反应，但是不能过久的沉浸。因为这样会更加影响你的病情控制。你需要积极的心态来面对自己的终生服药甚至身体上的痛楚，而你的期望和目标，是渴望平稳平静的继续生活，你的努力最终将给你的生命带来意外的惊喜。你一样有权利拥有幸福！

家庭里每一个成员还需要继续你们的爱和关心给予需要你们的患病亲人，你们的支持，对她的康复将会有巨大的帮助，用爱的力量一起携手面对生活的挑战！

16. 娟子的悲伤——爱的创伤

> 人们之所以不幸福，是出于某些他们还没有意识到的原因，而这种不幸福便导致他们去思考自己生活于其中的世界里那些不堪令人愉快的方面。
>
> ——罗素

娟子坐在我的面前。窗外的天空阴冷而潮湿，她说她的心和这样的雨天一样冰冷而不知所措。

娟子来咨询室的时候，长长的秀发已被天空中淅淅沥沥的雨水淋湿。在温暖的咨询室，感受薰衣草香气中，终于，她的脸上恢复了些生气，她的语气虽然还是淡淡的，却没有了当初的冰冷。

娟子已经和我通过几次电话，可一直没有勇气走进我的咨询室，电话里也只是说她的心情怎样的烦乱，说她无法忘记一个人，说她甚至会恨那个曾经最爱的人，说她已经无法这样生活下去。当我告诉她说："如果你期望我帮助你，那么让我们好好谈谈。"娟子总是说："好的。"却没有了下文。而这样的电话咨询在她心情最低落的

136

时候打来已有三次，最终，在这个持续一个星期的阴雨天清晨，我见到了娟子。

娟子的叙述是平淡的，但还是让我感受到了她内心深处的巨大忧伤。在这个阴雨的上海冬日，娟子的故事如秋天下午的一杯绿茶，青涩、淡雅、忧伤、美丽……

娟子生活在一个普通的家庭。这个家庭不富裕也不贫穷，平静的童年生活是在父母屋檐下的冷战中渡过的。

十五岁那年，她亲眼看到母亲在自己手腕上深深地划了下去，血一滴一滴落下，她除了眼泪，还有更深的恐惧。当她回头看到父亲时，父亲痛苦的表情至今让她难忘。父亲最终还是留在了这个家，而这个家却让她感觉窒息，因为它透着寒意。而她的父母似乎也忘了这个需要温暖的小女孩，只是陷入各自的悲伤和无奈中。

十八岁那年，她亲眼看到自己的一个好朋友因为和男友的分手而跳楼自杀。她整整一个月都无法入睡。

二十岁那年，她的又一个好友因为堕胎引起大出血，男友却不知所踪。她再次看到汩汩流出的鲜血冲击着她的心灵，而她一直期待的纯洁完美爱情此刻轰然倒坍。

以后的日子，她封闭了自己，冷眼看着校园内男男女女坠入情网，又悲伤分离，她对爱情越来越悲观。但她从幼时琼瑶书里读到的海誓山盟的爱，却还是在内心深处保留着。只是她悲观地认为，这样的爱不会存在。

毕业两年后，她在出差的路上遇到了浩。这是一个琼瑶式的经典爱情——一见钟情。两人在上海开往北京的直达列车上相识，他们同在一个卧铺车厢里，火车飞驰，而爱意却渗入两个人的心底。

娟子说到此处的时候，眼里有了生动。她说了当时的感受：在我看到他棱角分明的脸庞、深邃的目光时，我的心狂跳不止。在火车徐徐启动时，我知道这个包厢内只有我们两人时，我的脸已是绯红。我爱上这样的感觉，而我认为的爱情就是这样的狂跳、激动和天意般、童话式的偶遇。

他们一夜没有睡觉，畅谈直到第二日的火车到达终点。在北京以后的几天里，浩一直陪伴着她。爱迅速在两人心中蔓延，熔化了冰冷很久的她，推翻了她对爱情的悲伤。

分离是难分难舍的，却也让她欣然享受着爱的滋味。当她回到上海，他们之间开始了长达二年的两地爱情长跑。两年里，他们因为会思念，而不畏辛苦地跑到对方的城市，他们也会为难以放弃自己的事业到对方的城市重新开始而无从选择。他们的爱情在经历了激情而冷静之后，却无法找到一个更好的方式在一起。

浩说事业对男人很重要，娟子是他最爱的女人，他希望给予她幸福，但是让他在陌生的城市重新开始却不愿意。

娟子说："尽管他是我最爱的男人，我和他的爱情充满了美丽，但内心深处，我还是无法感受到爱情最后的开花结果。我不知道是因为女性的骄傲，还是自卑、懦弱，我都不曾真的有勇气辞职去他的身边。"

于是，他们的爱情在两年之后，逐渐开始淡漠。浩再也不要求娟子到他的城市，而娟子问浩，你是否还爱我时，浩也不再回答。

于是，他们慢慢地联系少了，终于浩提出了分手。娟子答应了，但再也没有了开心。以后的日子，他们再也没有联系，只是在偶尔的夜里，浩会发短信来说：我喝多了，我好想你，我爱你。娟子渴望第二日可以听到他清醒时的语言，也许她会鼓足勇气到他身边，浩却没有了声音。

日子开始如流水般过去。娟子说："三年了。这就是爱吗？难道他说爱我，就不可以为我放弃吗？我还在想念他，看到和他相似背影的人我都会伤心很久。我也在想，也许我真的和他在一起，未必会幸福。"

我问她："为什么？"

娟子眼泪落下，"因为我爱他，比他爱我多，就注定了，我不会幸福，也注定了他不会珍惜。"

娟子说："我的心情每天就像这阴雨的冬日。即使是阳光明媚的夏季，我的心都是潮湿阴冷的，我不快乐却已没有了眼泪。我无法忍受家人对我的催促，我无法去寻找新的婚姻，因为我无法忘记他。我开始恨他，开始恨这个世界，为何要安排这样的一场没有结局的爱情。我的心一直就这样滴滴不停的被'心雨'淋湿。"

我和娟子重新讨论她的爱情。娟子的爱情期望是完美的，但遭遇现实的时候，就显得无比苍白。娟子理想中的完美爱情应该是没有缺憾的，没有瑕疵的。所以她在看到周围爱情都是如此悲惨的时候，她却在完美和悲观中矛盾着。当她遇到浩时，早期在内心里形成的爱情模式终于启动。

娟子自始至终对爱情都是悲观的，所以在爱情没有结果的时候，终于让自己的内心体会到真正的失衡。其实，爱没有结果，并不代表爱情消失了，只是爱因为很多原因不能继续，而浩刻意的保留了。所以他只会在醉酒时说出自己心里的爱。也许有很多原因致使他们彼此没有勇气走到对方的身边，这只是爱情无法继续的原因，但和有没有爱无关。

娟子在自己爱的感受里体会着痛苦，但她却忽视了浩和她同样的感受，她说她比浩的爱多，就注定了她的不幸。这个心理来源于在她身边所看到，彼此冷漠的父母、自杀的朋友、堕胎的女友，而他们共同一点，都是深深爱着对方。可爱的多少是无法衡量，也许只有当事人知道。

当娟子换个角度去想，既然认定自己爱浩更多，为何没有放弃上海而去浩的身边呢？娟子陷入了沉思。同样是爱，同样是难以选择，需要的却是互相理解。

爱情无论怎样的结束，都是有很多的原因。如果我们没有看到对方伤心的泪水，就不能如此确认的说他无情。如果我们没有看到他做过挣扎，就不能确定说他不爱你。因为他和你同样伤心。

爱情从最美的乐曲开始，虽然到了最后是伤心别离，但恋人之间无法抹灭曾经最让人心醉的真实感受。也许曾经的恋人彼此分离时，最后该给对方的是祝福而不是记恨。因为你至少拥有过最美的爱情，至少你们彼此相爱过，而不是因为他没有做到，而让自己陷入悲伤，坠入痛苦里。因为你同样没有做到。

也许你的心如诗，但所有的爱情都没有完美。也许你的心还在落雨，但不可忘记的是爱确实存在，只是没有如你的愿望美丽绽放。也许你的内心还是如此悲观，但爱情确实要无可救药地乐观，这样你才会把握属于自己的幸福!

◎娟子的案例分析

○拜伦式情绪

英国诗人拜伦曾这样写道："当早日思想的光芒在情感的隐隐

腐朽中渐渐衰落，这世界给予的快乐没有一个能像它带走的一般快乐。"这位悲观主义者在回顾自己生活中的快活、乐趣后，却得出了如此忧伤抑郁的结论。

娟子在爱情方面有着与拜伦类似的悲观情绪，只是产生的原因有所不同。娟子对爱情的悲观来自于所感受到的不幸，其中最突出的是她幼年时所处的家庭环境，母亲的过激行为和父亲的痛苦表情已深深烙印在她的心中。此后，一旦有着类似的事件在自己周围发生时，都会引起她极大的关注，为爱而自杀，为情而堕胎，每一件事都在不断地抵消着娟子对爱情的憧憬和渴望。在她的心中，琼瑶笔下的经典爱情故事似乎也只是一种神话。然而，这对一个青春懵懂的少女而言，更多的是不情愿的压抑。

与浩的邂逅给娟子带来了一丝爱的曙光，这种她无法定义的感觉令她充满了激情和希望，娟子深深的陷入了其中。然而时过不久，一些现实的问题逐渐凸显出来，相处两地的生活慢慢磨灭了最初的激情，浩对此的态度也一直让娟子无法满意，更确切地说应该是对爱情的给予和收取的不平衡。最终，也因此导致的这段情感的结束。

○爱情属于自己

一个伏尔泰的门徒曾经说过："破第七诫总不如破第六诫那么坏，因为不管怎样，这总要取得对方的同意才行。"在基督教的十诫中，第六诫是不可杀人，第七诫是不可奸淫。事实上，爱的对象是自己无法完全意识和掌控其思想、行为、感觉的另外一个人，他也是一个完全独立的个体。

显然，娟子并没有意识到这一点。那些曾经让她对爱情一度悲观的事，同时也刺激着娟子的好奇心和探求欲望。当爱情降临在她的身上，唯一满足这种心理所能做的就是占有和征服，并由此去避免悲剧重演。所以，当浩拒绝为爱放弃工作，当她感到自己的付出比浩要多的时候，在娟子心里也就等于将来不幸的征兆，这也是她无法接受的。

在爱情之中，人们总是习惯以他人的行为标准去衡量自己爱情的幸福程度，或是以曾经看到过的经历去确定自己爱情的结果。实际上，这种做法只会令爱情变质，因为一旦这样做就意味着这段爱情已经不再属于自己，而局限于一种客观的模式。同时，这也会在一定程度上束缚自己，束缚爱的对象，最终害怕去爱。

沉浸于爱情之时，记住，爱属于自己，只有自己的心才能把握自己的爱。

第三章 情绪篇

17. 影子中的幻想——抑郁

> 如果你内在的自我是软弱的，在外部要求与压力之下
> 感到畏惧，那么，你就极有可能失去真正的自我；反之，
> 如果你的内在的自我是强大的，你就会作出符合自己愿
> 望和思想的真正选择，而不使你真实的自我受到伤害。
>
> ——作者

冬天的早晨云影来电话的时候，我还在给远方的父亲打电话。

父亲说："家里下雪了，你一人在外，多注意身体啊。过年回来吗？家里有暖气，我和你妈妈给你准备了新棉花被子……"父亲不善言谈，他浓浓的爱穿越风雪，穿越山水，我的眼睛湿润了。

匆忙挂断父亲的电话，我说："云影啊，你好吗？"

云影的声音很乐观，"我们这里下雪了！"

我说："上海也下雪了，我们在同样的天空下噢。"

云影是来做电话咨询的朋友，我至今没有见过她，我从她的声音里感受着她的心情，我在内心无数次的描绘她的模样。我们总是

穿越电话来做交流，我们之间好似很久很久的朋友，我们会一起流泪，也会一起欢笑。

云影最初咨询时，一小时中几乎都在哭。云影喜欢呆在角落里，喜欢夜晚，喜欢影子似的感觉，在影子的包围里云影舒适却又痛苦，云影说："我是怎么了，我是不是有精神病？"

我说："影，没有，不要担心，你只是喜欢自己的一片天空，你只是把自己封闭起来了。"

云影说："我会在迷恋影子的时候流泪，我一直哭，老公也不理解我，可我如何解释呢？"

我说："我知道，影子是看不到摸不着的，你无法说出来，所以你无法解释。你不会无缘无故地哭，你的心里有着沉重的心结，我们努力把它打开，那时，你就知道原因了，你会知道该如何面对，也会知道该如何和你爱人解释。"

云影决定做电话咨询的时候，是积极的，她把希望寄托给我，而我尽可能让她接受自己的一切，每次我们的谈话总是在深夜里，我们都感受夜的宁静和心理的放松。

给云影做意象分析的时候，我有担忧，以她如此的心境，我不在她身边，她是否感到害怕，我犹豫很久，但是我还是决定尝试。我会提前告诉她，想象我在她身旁，想象我的右手搭在她的额头，想象楚涵和你在一起。

我引导她进入状态的时候，我为她的意境震动，因为美丽，也因为其中透着寒意，云影的描述是精彩的，她的语言是那样地透着感染力，我的眼前清晰地出现她灵魂深处的画面：云影站在高高的平台，柔和的微风、空旷、自由，她想站在边缘，飘落下去，落的过程缓慢。

云影在意境中是飘的……

云影突然声音颤抖地叫我："楚涵，楚涵。"

我知道她看到了什么，我说："不怕，我在你身边，你不要害怕……"

此时如果我在她身边，我会握住她的手，让她不要恐惧，我鼓励她，她又开始平静。

"骷髅，我看到了一个骷髅头。"

"云影，你不怕，看着它。不怕，我在你身边，云影不怕，我在握住你的手和你一起感受。"

云影继续描述着她的意境：骷髅后的鲜花、草原、春的气息、远处的雪山……

云影越来越平静，在意境里她感到舒适，感到自由。而我看了无数人的意境，她的意境，让我更是体会美丽和恐惧同时存在，也让我为之而震动。

意境结束的时候，云影说喜欢阳光照耀脸颊温暖的感觉。

云影定期给我她的邮件，定期和我电话咨询。云影是最听话的，她的作业认真而精细，字里行间虽凌乱，却是真实的自己。

云影的童年是不幸的，如她所说，不是最悲惨的，但也感受不到快乐。儿时的云影住到亲戚家，远离父母。父母是爱弟弟的，往往忽略了云影的存在。

小小的云影，小小的肩膀扛起所有的家务，可还是会招来父亲的拳头。云影的性格被压抑了，小小的她学会看家人脸色，小小的她无力申辩，却习惯了躲在角落哭泣直到现在。

云影是如此渴望家人对她的疼爱，可至今也没有，至今也无法感受，云影渴望父亲的爱，所以她把自己的爱人当做父亲。

云影习惯了不去表达自己的真实想法，只会看别人的脸色息事宁人，却让她更不快乐。因为不快乐，她给自己编织一个模糊的影子，在夜里进入，快乐的同时却在流泪。所以她渴望自由，渴望理解她的人，渴望给她关爱的人，渴望给她温暖的人，但是却逃避所有人……

一切陷入重复，一切陷入忧伤，一切都掩藏，只有眼泪真实的会流出。

我说："做真实的自己吧！你的性格被压抑了，真实的你是渴望什么样的呢？"

云影回答："独立！不只是经济的独立，是个性的独立！"

"我期待的结果，那就试试来做吧！你掩藏了你真实的想法，别人未必就会理解你，相反，你给爱人的感受还是不真实的。不要怕出现问题，此时虽然没有了拳头，但是表达真实的想法，你会快乐，问题也总归会解决，就像骷髅之后的山花灿烂、雪山草原一样……"

云影努力，却还是没有完全好，"楚涵，你说我会好吗？"

我在这里微笑，"会的！你一定要坚信，你发现了吗？你最近给我电话里的笑声多了？你感受到你此时说话的情绪高涨多了吗？你目标越来越清晰，你在努力了，我感受到了你细微的变化，这很重要。"

"呵呵，是吗？"

"是的！云影加油，我会在任何时候接你的电话，慢慢接受你蜕变的过程，其中有不易，也许会反复，但是还是要坚定信心，我还是会远隔千山万水握住你的手……"

你的咨询还没有结束，我把你写下来，是因为你曾说过渴望知道我眼中的你，你的变化也是细微的，电话咨询更需要一个过程，虽然有些漫长，但是我坚信，春天的脚步已经走近我们。

我们有着相似的经历，无数次回忆的时候，也不再那样压抑，而是快乐，我和你一起回忆过我幼时调皮换来父母的拳头；笨拙的谎言；在挨打的时候，还在想破绽在哪里……你和我哈哈大笑。

我们爱父母，需要理解她们，他们有血气方刚的年纪，他们有他们那个年代的沧桑和不易，他们没有我们这个时代重视孩子教育的意识，但是我们此时还是需要理解他们。

看着父母白发苍苍，我们的心会随之而柔软，曾经童年的伤痛也渐渐远去，也许童年的记忆影响深远，但是，我们需要去调整。

如果我们渴望爱，就去爱亲人，发自内心地爱他们，而不是封锁自己，我们的性格只是从童年压抑至今，但当你还渴望做回自己的时候，你就要勇敢的走出童年的创伤。

你还有女儿，需要给她你真正的快乐，你需要好起来，和你的爱人共同给孩子一个安全温暖的家。

去改变一种习惯的时候，是很艰难，尤其是做回自己，你不适应，但是相信自己，也相信我们的努力会有回报。

你会好起来，就是偶有不顺，那也是人之常情，等你再次回到影子里时，我相信那是让你心灵安静的安全岛，而不是痛苦，也不再是忧伤的泪。

我期待如你所愿，你会来上海，我们相遇，我们也为你的好转而拥抱，我看到真实的你的模样，不再如云般缥缈而是安详，不再如影般神秘莫测而是真实优雅，我们会像姐妹一样在夜里再次促膝常谈，你有最好的语言表达能力，你和我对话，每次让我内心震动，你是如此冰雪聪明，你总是明白我每一句话给你的含义，你是如此的可爱，你的笑一直越过千山让我欣喜，而我们头顶一样的天空，都在飘雪，你的心也会慢慢融化……

我依然会在你需要的时候，随时接你的电话，直到你自己可以展翅飞翔，我会把这篇文章发表，我知道你会看，看楚涵在千里之外对你的期待，对你的关怀，对你的祝福，一起隔山隔水我们手牵手，走出你的抑郁，感受阳光温暖，就算是看满天飞雪，也是最美的心境……

云影两个月的治疗后，在给我的邮件中写道："楚涵，我从没有这样快乐过，我终于知道什么是快乐，什么是幸福。我会好好珍惜这一切。"

云影在电话里和我笑谈自己如今的想法，说自己此时感受到了从没有过的内心轻松。她说感谢我的时候，她哭了，而我也欣喜，泪光闪闪，但是我们都知道这是幸福的眼泪。

两年后的新年云影给我发来祝福的短信，好久没有她的消息。我打电话给她，她呵呵笑着，让我放心，现在还不错。我很欣慰，至少，云影保持到了现在。我们互相询问彼此现状，都很开心。虽然我们至今还没有见面，但是我们彼此一直惦记着对方，虽然，她早已停止了电话咨询，而我更开心的是她做到了，而且做得很好！我喜欢这样，听到她的好消息。而她说："楚涵，我好想念你。"

◎云影的案例分析

○责任与自由

当人们自由选择的行为取得了成功时，他们通常就很愿意承担他们的责任，但是，当结果是失败时，他们就会逃避责任。心理学家马斯洛如是说。

云影的童年是在不快乐中度过的，幼时便借住在亲戚家中，大了一些才回到自己家里，父母对弟弟的偏爱，使云影一直都没能得到应有的关怀和爱护。小小的她开始承担起了沉重的家务，然而结果每每是遭到父亲的呵斥，甚至粗暴的惩罚。有时候云影力求得到解放，希望摆脱这种情形，而更多时只能是默默的承受，此时在她幼小的心里已然产生了隐约的排斥情绪，开始排斥父亲对她的作为，努力去逃避责骂和惩罚，原本的个性完全被压抑，不得不学会看别人的脸色去做一些自己本不情愿的事情。逐渐，这成为了云影为人处世的习惯，也在她的本能中多少增添了逃避自由的色彩。

随着时间的推移，云影成立了自己的家庭，一个爱自己的老公和可爱的女儿。然而，幸福的家庭亦未能改变云影逃避自由的想法，每每遭到父亲的责骂时，云影仿佛又退回到了那个幼时的她，在她的心中自己所处的环境依然没有改变。而事实上，这个环境的定义只是云影自己赋予的，并为此所左右着。

尽管如此，云影期待被关爱的热情依然如故，只是对象换成了自己的先生。可是，脾气暴躁的父亲已经成为了自己心中男人的原型，对父亲的排斥也被泛化到更多的男人身上，其中也包括了她的先生，事实上，这些并未被云影所意识到。不难想象，云影的先生已然成为了矛盾的结合体，一方面被渴望得到关怀，另一方面却被力图排斥，即便是一些不经意的做法都将可能颤动云影那深深的心结。

云影变得越来越不快乐，只有在夜里才可能去放纵地哭泣，她渴望着摆脱自我的束缚，渴望着理解，渴望着关爱

○寻找真实的自我

如果你内在的自我是软弱的，在外部要求与压力之下感到畏惧，那么，你就极有可能失去真正的自我；反之，如果你内在的自我是强大的，你就会作出符合自己愿望和思想的真正选择，而不使你真实的自我受到伤害。

对云影而言，唯有找到真实的自我，并让它不断强大起来，才有可能摆脱困境。

在我们的共同努力下云影这样做了。首先，她认识到幼时的逃避，只是一种不成熟的自我防御方法，而并非自己所愿，尽管父亲粗暴的教育方法不当，尽管父亲不断的呵斥让自己无法接受，但仍不能抹杀父亲那颗疼爱女儿的心。

之后，通过进一步的交流，云影慢慢意识到，自己已经有了一个新的家庭，也成为了一个孩子的母亲，已然生活在一个崭新的环境之中，在这个环境中已不再需要通过消极的逃避去摆脱可能将对自己造成的伤害。

最后，云影在意象中真切的感受到了内在的自我，体会到了自我那急切的渴望，在这个过程中，我们也共同找出了适合云影的能够令其自我强大的方式：先尝试着同自己的先生表达自我感受，慢慢建立自己的信心，并使其成为一种习惯，之后尝试着与父亲进行良好的交流，最后把这个信心和习惯延续下去，并以此去对待每一

个人。

　　当我们在力求逃避时，别忘记问一问内心的自我，当我们在不快乐时，别忘记寻找下内心的自我，当我们在痛苦压抑时，别忘记巩固强大内心的自我。当我们能够顺利按照内心的自我去做时，所有的不愉快便会远离。

18．我想刺瞎双眼——焦虑

> 有一件事是无可怀疑的，即焦虑是所有重要心理问题的核心，我们只要能猜中、破解这个难题，便可明了我们全部的心理生活。
>
> ——弗洛伊德

初次见面，小妹坐在我的对面。手中的资料表上并没有写名字，年龄二十二岁。

我看着小妹说："我该怎样称呼你？"

小妹想了想说："你叫我小妹吧。"

小妹说，医生已经诊断她为焦虑症。她只要看到陌生人她就会紧张，甚至会晕过去。她在工作中也会看到同事紧张，甚至一个人的时候也会手足无措。

于是，我问她："你看到我，紧张吗？"

小妹不假思索的说："紧张。"

我说："为什么呢?"

小妹说："不知道。如果我知道也不用到你这里来了。"

我说："嗯,但是我们要学会分析情绪,这样才可以有所改善。"

小妹想了好久说："也许是习惯吧。"

我说："很好,这也许就是原因之一,还有呢?"

小妹皱着眉头说："也许我是同性恋吧?"

我有些惊讶,"你是吗?"

小妹说："应该不是吧。我总是想自己就是同性恋,因为看到女人我就紧张。"

我说："还有呢?"

小妹说："也许,要告诉你我的情况,我会在意你怎样看我吧。"

我笑着鼓励她,"我如何看你,重要吗?"

小妹淡然的笑了,"不重要。"

"那么,你现在还紧张吗?"

小妹坦白的说："比刚才好点,但还是有的。"

我和小妹的刚开始谈话,就让她对自己的情绪和心理有所分析,对我的紧张一点点消除,这样对我们的谈话和治疗有帮助。为了对小妹有多方面的了解,我鼓励她给我画画想象中的自己。

当我看到对面的小妹画自己的时候,她的手上有伤痕。小妹的自画像上只有一张脸,一双没有眼珠的眼眶。没有嘴唇,没有鼻子,没有耳朵,没有头发,没有身躯和四肢,而眼眶下有几滴眼泪。

我说："这是眼泪吗?"

小妹的解释让我的心有些震动,"不,是血!"

我说："血??"

153

小妹愤愤的说："是。我总是想着拿剪刀刺瞎我的双眼。流出的就是血。"

我说："为什么想这样做呢？"

小妹说："这样就可以死去了。"

我说："你刺瞎双眼就是为了死去吗？"

小妹想了很久说："好像不全是。"

我说："也许你想逃避，你不想看这个世间的一切，无论是美好的还是不好。"

小妹说："是的！"

小妹一直都没有哭，她说，她的眼泪早已流干。

我说："既然你找我做心理咨询，为了解决和治疗你的焦虑，我需要了解你。你能告诉我你的经历吗？"

小妹很不客气的说："没有必要。我不想谈，我也不想回忆。你就不能不问过去，给我做治疗吗？你就不能不用精神分析的方法治疗我吗？"

看来，她对心理治疗还是有了解的。我看着小妹说："好的。但是你要记得，焦虑情绪的产生更多原因是逃避引起。"

第一次和小妹的谈话并不顺利，甚至是极其的不顺利。我给她的建议是每周来一次。坚持一个疗程的心理治疗。她听完只是说好的。

小妹离开时，我并没有把握她是否还继续做治疗。

第二周的星期六她还是来了。

小妹说，她服用药物并没有多大的改善，而那天和我谈话之后，她感觉好一点。所以她想继续做心理治疗。

我说，"你躺在沙发上吧，我们做一个意向分析。"

小妹的意境从她的嘴里描述出来，我看到了她的内心世界。音乐响起，一阵放松之后，我带她走进了心灵深处。

一个黑暗的屋子，她害怕走进去。我问她害怕什么，她说，里面有让她害怕的东西。

我说："那你觉得会是什么？"

她说："人，女人还有鬼。"

我说，"门的左手一个开关，你打开。房间会亮起来。"

小妹说："这个屋子是空的什么都没有。"

我看着小妹的睫毛抖动的厉害，眼泪顺着她的脸庞滑落。

"小妹，你为什么哭？"

小妹说："不知道。"

我说："在你的正前方有一扇窗户。你来想象。"

小妹说："我看到了。"

我说："你的窗户是关闭的还是开着的？"

小妹说："关着，而且上面还有铁栏隔着。"

我说："想象你走到窗户边，看看窗外的风景。无论你看到了什么都告诉我。"

小妹说："外面有很高的楼，但是我只能看到楼的一角。下面有很多人的人，匆匆忙忙。车也很多。天空是灰色的。"

我说："回头再来看看你的屋子，有变化吗？"

小妹说："没有。"

我说："门上有一面镜子。"

她说："看到了。"

我说："你站在镜子面前看看，你能看到什么，无论你看到什么，都告诉我。"

155

小妹说："看到自己。小时候的自己，怀里抱着一个洋娃娃。"突然她声音颤抖起来，她说，在她身后有一个女鬼，浑身是血。女鬼来抓她。

我告诉她："你不要怕，这是你的世界，你可以阻止她，你也可以战胜她。你要面对，不要逃避，我们来战胜她。"

小妹说："嗯，奇怪。她变了。"

我等着她告诉我，她却很久没有说话。我耐心等待着。

终于她说话了，女鬼变成她的妈妈。

我说："你看到妈妈，心情是怎样的?"

小妹皱着眉头说："我恨她。"

我鼓励她继续看镜子里还能看到什么，她说，有一把剪刀。

我说："你看到剪刀，心情会怎样。"

小妹说："我害怕，我怕自己会用剪刀刺瞎双眼。"

我说："我们不怕，这是你的心灵世界，你可以面对，甚至让剪刀消失。"

为了消除小妹的紧张，我带她去了一个风景美丽的草地，让她想象自己置身于一个大草原上，天空湛蓝而明亮，阳光温暖，草地上有野花在风中绽放，小妹的心终于感到了安静。

小妹睁开眼后，我看到她眼角有泪水。我说："你哭了?"

小妹说："最后的看到的场景是最美的，是我最向往的地方。"

对于小妹的潜意识我分析给她听：你没有安全感，所以你的心灵是黑暗的。你的心灵是封锁的，所以你没有窗户，即使有了窗户，你都会设立一个铁栏杆阻挡外界的一切。

你的心理一切来源于你的童年，所以你看到的还是抱着洋娃娃的你。你的心理一切都和母亲有关，你对她的情感极其复杂，所以她会是鬼。

也许你经历了心灵创伤之后，你对于外界的一切就犹如你画中一样，不想看这个世界，你也就不想听，不想说。你的心灵全部的封锁起来。

小妹听完我的分析很久都不说话，她只是低着头看自己的衣服。终于，她说："那又怎样？"

我说："无论你的意识是怎样的想逃避，但是现实还是现实。你要工作，你要接触人。你的内心没有解决好这样的矛盾和冲突，自然会引起情绪上的反应，也就是焦虑和恐惧。也会影响到你的生理反应，比如出汗，头晕和胸闷。所以，解决你的焦虑，你需要面对你该要面对的问题，找寻解决方式！"

小妹说："嗯。我知道了。"

在我看来小妹的焦虑泛化了，从开始单纯的紧张到对剪刀和尖锐物体的恐惧，到生理反应，这些种种都需要及时的心理治疗。

她只字不谈她的过去经历，而我也只能对于她的焦虑情绪给予解决。我教会给她肌肉放松训练，这样可以减缓焦虑。对于她所焦虑的问题，比如和人交往，要对自己情绪给予分析，不要逃避。

对于她恐惧的尖锐物体如刀子剪刀之类的给予她分析。剪刀和刀子伤害的是最深处，也就是伤及内心，所以她的自我保护就是怕自己内心受到伤害，她恐惧的并不是刀子或者剪刀之类的表面之物，而是有其象征意义。所以当她看见刀子或者剪刀时，需要告诉自己并不是怕刀子或者剪刀，而是怕伤害自己的内心。给予自己分析，也就可以减缓恐惧，逐渐认识和分析，就会消除恐惧。

　　对他人的紧张产生焦虑情绪，首先要看你是在意他人的看法，还是把他人看得太可怕。而我对小妹的分析，小妹的心理并不是在意他人的看法，而是把他人看得很可怕，对于人性的理解处在一种消极和悲观的看法中。所以要客观现实的看待人，这样才可以解决好情绪的反应和人之间的相处。

　　小妹听完之后，淡淡的说："好的，我会按照你所教我的方式去试试。"

　　我告诉小妹，"你可以每天给我邮件，告诉我你的心理感受，这样让我及时了解你，才可以更好的帮助你。"

　　小妹只是点点头，这次的离开，我感觉到她不同于第一次。我相信她还会来，而打开她的心结还需要慢慢来。

　　小妹在离开我这里的第三天给我发来邮件，说对剪刀的恐惧少了很多，注意也减低了。焦虑也好多了。她的文字让我欣喜地看到她细微变化，在邮件的开头，她写的是：楚涵姐姐。

　　第三次，她如约而来，我终于看到她绽放的短暂笑容。
　　我说："第一次看你笑哦。"
　　小妹有些羞涩，"我很少笑的。"
　　小妹有一双漂亮的丹凤眼，江南女子皮肤都很细腻白嫩，只是表情有些冷淡甚至是冷酷。
　　她和我说："我有很多稀奇古怪的想法，让我自己都难以接受。

第一次和你说我是同性恋时，我记得你惊讶的眼光。而我总是在想，我是不是同性恋，所以我看到男人我就会想，我喜欢男人吗？看到女人我就不自在。"

我说："哦，这是引起你焦虑的原因吗？"

她说："不全是啊。在没有这想法之前我就看到人紧张了。"

我说："为何你觉得自己是同性恋呢？你有喜欢的同性吗？"

小妹说："没有的。其实，如果我是同性恋，我就不活了，怎么可以接受呢？可我总会这样想。"

我说："那我们来分析分析。"

小妹说："很早以前，我对异性是期待的，可是慢慢的我开始害怕异性了。对于女性，我一直都有些紧张，而我找不到紧张的原因，我以为就是对同性的喜欢吧，这样时间久了，我自己就认为自己是同性恋，但确实不是啊。"

我看着小妹说："你有朋友吗？男女朋友？"

小妹说："没有很知己的。"

我很小心的问："那你和父母的关系如何？"

小妹看着我说："这和他们有关系吗？"

我认真的回答："有关系，而且很深的关系。今天你的性格受他们的影响，你对男人和女人的看法也来自对母亲和父亲的看法，所以这点很重要。就像剪刀意味这伤害，而其实你怕内心伤害。就像母亲对你影响，也会影响你对女性的看法，父亲对你影响，也会影响到你对男性的态度，这之间是息息相关的。"

小妹："如果要治疗我的焦虑，一定要要谈我的父母和家庭吗？"

我说："至少对你有实际的帮助。当然，我尊重你的意见。"

小妹说："你知道回忆是什么？是痛苦！"

我说："我能理解，虽然回忆有痛，但是就像伤口，我们需要消毒，需要清创，需要缝合，我们会痛，但是最终它会重新愈合，虽然留疤，但你已经忘了曾经的痛。所以，我们需要面对自己曾经的痛，姐姐会和你一起把伤口缝合，重新让它生长，这样，你才可以完全恢复健康。"

小妹说："好的，我要去卫生间。"

小妹在卫生间呆了很久，我在静静等她归来。

小妹终于再次坐到我的面前，显然刚刚哭过，她平复自己说："我没事。"

小妹的年龄只有二十二岁，可她的经历却让我震撼了。

◎小妹的经历

小妹出生在一个富裕的家庭，在她有记忆起，父亲就常常不回家，母亲总是和父亲吵架。在小妹看来多数怪自己的母亲，因为母亲总是和父亲找事吵架，甚至母亲会打父亲，常常父亲脸上挂满伤痕，衣服总是被撕破。

第一次看见父母打架，母亲并没有安慰他，反倒是父亲说："不要当着孩子的面闹了。"母亲歇斯底里的说："你还会顾及孩子吗？如果顾及，你会这样对我？"母亲回头对小妹大吼："你滚出去！"小妹抱着洋娃娃跑了出去。那时，她五岁。

父母的关系日益冷淡，最后他们之间只剩下冷漠。有一天，小妹放学回家，看到父母的房间有声音，她看到了让她惊呆的一幕，母亲和一个不是父亲的男人在床上滚动着。小妹吓坏了，她跑出去的时候还是惊动了母亲。母亲严厉对她说："不许和别人乱说，更不许和父亲说，否则，我就会打死你。"

小妹把这个秘密一直留在了心理。也许她怕说出来，父母又要打架，或者又要离开。

九岁那年，父母还是离婚了。小妹跟随了母亲，父亲始终对小妹很好，但是母亲不允许父亲来看小妹。小妹对父亲始终是期待的，但是他的父亲最后还是远离家乡去了美国。

和母亲生活的日子应该是相依为命的，可是母亲总是责怪小妹。小妹一有不满意母亲心意的地方，母亲就狠狠的打小妹。小妹开始还会哭，逐渐的她开始用冷漠来面对母亲，而母亲看到她的冷漠和倔强更是生气，手里抓起什么就来打她。小妹说："我记得她生气的时候，就拿起了剪刀向我扎来，还有一次是拿起切菜的刀子向我砍过来。"至今，小妹的胳膊上还有一道疤痕。

母亲总是说，是小妹告诉了父亲她和那个男人的秘密，毁了她的生活。小妹从开始的解释到最后的应对：就是我说的，怎么，你杀了我啊！

小妹对母亲越来越恨，她甚至认为自己并不是母亲亲生的孩子。她渴望着见到父亲，可父亲在遥远的异国，渐渐的，她失望了，也不再渴望见到父亲。

十五岁那年，父亲的家人告诉小妹，父亲重病去世，小妹哭的很伤心，小妹的心也随着父亲离去了。小妹的母亲在得到父亲离世的消息时，先是冷漠后是大笑，最后是哭。以后，母亲再也没有了力气打小妹。因为她已经思维混乱。她总是说：小妹的父亲来找她了，看见小妹的父亲浑身是血站在她的面前。而小妹看着母亲没有任何安慰，她说她的心早死了，母亲该有报应。

小妹的母亲开始低语，时常处于恐惧中，医生给予最后的诊断：

精神分裂。经过住院，母亲有所好转，人却已经变了。小妹总是看着母亲，想哭却没有眼泪。

十八岁的小妹拿到大学录取通知书的那天晚上，母亲给她做了很多好吃的，小妹很惊讶。母亲对小妹说了很多对不起的话，不该打小妹，也不该怪小妹，是自己不好，和父亲离婚也是她的错，因为她实在是受不了其他女人和父亲交往，可现在看来是那么的正常。而母亲为了报复父亲，自己也和其他男人发生了婚外情，被父亲知道提出离婚，这一切都是自己的错。父亲临死之前，希望母亲能培养小妹上大学，母亲说她做到了，心可以放下了。

那天，小妹还是冷冷的看着母亲，心却稍稍有些温暖。小妹晚上入睡的时候，还在想，以后我要对妈妈好点，毕竟她是我妈妈。

第二天，当她看到母亲时，母亲手里握着剪刀，鲜血流了一地……

从此，她成了孤儿。以后，她再也没有了欢笑和眼泪。而她的心理和情绪在一年后越来越明显的出现波动，她怕自己也和母亲一样疯了。而她的心灵自从那天之后，就关闭了。没有再打开，没有人知道她的过去，没有人知道她的家庭。她断绝了家乡所有人联系，只身到上海读书。

小妹回忆往事没有流泪，只是说到自己从此成了孤儿时，哭了。我看着眼前这个肩膀微颤，细弱的女孩，我的眼睛湿润了。

小妹的心结终于打开，我们终于找到了所有的原因，对剪刀的恐惧，对尖锐物体的恐惧，为何封锁自己的内心，为何对人的惧怕和恐惧，当她的内心对一切回避和遗忘时，负面消极的情绪就产生了。

随后的日子，我们探讨了父母对我们的深远影响，我们找到原因时，就好去应对。我和小妹探讨人本心理学家马斯洛谈及的爱的需要，是人的本能需要。当你失去了爱，并不意味着你不需要。所以，我们还是要勇敢来面对过去，面对此时，把握未来。既然，我们渴望自己好起来，首先就要对父母的情感重新认识，对父亲的渴望，对母亲情感复杂的内心分析。我们保护自己的内心，却封锁了自己，那么最后就是自己伤害自己。

小妹的焦虑情绪得到了很好的缓解，对于父母的态度，小妹最后说："人都不在了，一切都没有意义了。"

我说："有意义。就像母亲最后的明白，父亲最后的无奈，都是没有珍惜当时所拥有的，而你，小妹，我们要珍惜现在，珍惜我们还拥有的。"

小妹苦笑着看着我说："我还有什么可珍惜?"

我眼角湿润，声音有些哽咽："你! 你就是可去珍惜的，你还可以拥有自己的家庭和幸福，你还能拥有友情，爱情，你的孩子，一切都可以珍惜。"

小妹握着我的手，放声大哭，而我没有递给她纸巾，只是让她好好的释放久藏于心的泪水。

小妹焦虑的情绪缓解很快，慢慢的她学会了和同事相处，开玩笑。慢慢的她看到我的助理和工作人员，也会绽放她的笑容。直到有一天，小妹对我说："姐姐，你可以把我当作一个很成功的案例去写，我没有什么可报答你的，所以，我同意你写我。但不要写我的真实名字就好。"

我开心的说："太好了。谢谢小妹你的支持! 最重要的是，你终于敞开你的内心，把你的情感交给姐姐了。"

小妹说："是的。其实，当我说出自己的心结时，就已经对你敞开我的内心了。而我看过你很多文章，也许你需要我这个案例吧。"

我和小妹最后一次咨询后，小妹伸出手和我拥抱。

时间已经过去半年，小妹的工作很出色，被上调到北京去培训。

春天的脚步来临时，小妹电话告诉我，"我恋爱了……"

得知这个消息的早晨，我正在家中浇花，花园里开放的杜鹃娇艳夺目，喷洒的水珠被阳光折射犹如珍珠，耳边传来黑人阿姆斯特壮沙哑的歌声，what a wonderful world(多精彩的世界)……

◎小妹的案例分析

○逃避引发的不确定

"真实的焦虑或恐惧是最自然、最合理的事，是人们对于外界危险，或意料及期望中的伤害的知觉反应。"弗洛伊德如是说。的确，预期的或正在进行的威胁性事件会叫人感到不安，人们本能的会开始保护自己，而当这种保护起不到相应的效果，即此事件不能解决或无法面对的时候，焦虑的情绪就有可能会随之而生。这里弗洛伊德所提的"真实的焦虑"并非精神官能症的焦虑，也就不是我们所说的焦虑症或精神疾病，它只是一种普遍存在的负面情绪反应，也是下面所要分析的内容。

与同龄人相比，小妹的童年是不幸的，这尤其突出在母亲对待她的方式和态度。在她的记忆中，父母的情感关系并不是很好，经常吵架打骂，尽管不清楚原因但印象里父亲每每被母亲打得挂伤，不但如此，母亲往往还会无缘的将其对父亲的不满迁怒到自己的身上。当她看到母亲和其他男人发生不洁行为的时候，母亲竟然以死来威胁她不要将这件事情说出。事实上，在每个人的幼年时期里，安全感绝大部分来源于母亲对其的关怀和爱护，在生物进化的过程中，母性也一直起到保护子女不受外界危险伤害的形象作用。然而，对于小妹而言，非但没有得到母亲相应的关怀爱护，反而受到来自母亲的威胁，也就是说，小妹的童年成长一直处于没有安全感甚至是时时存在危险的状况中。

面对危险时，人们本能的会去远离或寻找庇护以得安全。这一点对小妹也不例外，起初她小心谨慎的避免犯错，然而发现即便这样也不能摆脱母亲的打骂责罚，母亲仍将尖锐的剪刀朝她身上刺来，比起身体所受的痛苦，内心经历的创伤让小妹更难以忍受。于是，她渐渐的变得冷漠，冷漠于母亲的所作所为，冷漠于自己对母亲的情感，这种精神上的逃避成了她减缓心理创痛的最有效方式。直至母亲手握剪刀自杀的那一刻，小妹感到剪刀不再是可怕的利器而是能够让人摆脱痛苦的工具，她不想再面对这不得不去接受的事实，她不想再面对自己对父母的真实情感，她不想再面对整个世界，她甚至想用剪刀刺瞎自己的眼睛来逃避一切。然而生的本能让她意识到剪刀刺向自己的危险，于是她没有这样去做。可是，对于剪刀或是其他利器上存有的潜在威胁，在小妹心理开始变得无法确定起来。事实上，如果说曾经母亲朝她刺来的那把剪刀是让她感到恐惧的话，那么现在的剪刀已经开始令她焦虑。也就是这种不能确定的模糊的威胁，使恐惧转变成了焦虑。

那么另一种小妹与同性接触时产生的焦虑，同样也来自母亲对她的影响。可以说，母亲是小妹最初接触的，也是最亲密接触的同性，对母亲复杂的印象和情感最直接的导致了小妹对其他同性的感觉，让她紧张、害怕甚至恐惧。为了逃避这种情感的持续，曾经的经验和认知给了小妹一个合理解释——同性恋。可另一方面，小妹并不能接受自己是同性恋的事实，她宁愿死也不想和同性相恋。这种矛盾又开始让她无法确认，无法确认自己对同性是怎样的一种情感，第二种焦虑就这样产生了。

○正视恐惧才能摆脱焦虑

人们对客体的恐惧大多是由于对客体有一定的认知但不足够，有一定的了解却不充分才导致的。这就好比一些人恐惧艾滋病，他们知道艾滋病能够相互传染，知道艾滋病是不治之症，所以他们害怕，他们一旦听到有人得了艾滋病或是和艾滋病人接触过就会躲得远远的，甚至连艾滋病人碰过的东西都不敢再动。但治疗艾滋病的医生整天接触患者，他们却并不感到恐惧紧张，其实，只是因为他们更加了解艾滋病，知道并确定其传播的途径。

无论是面对剪刀还是同性，小妹的焦虑中最初都有恐惧的成分。通过咨询师对小妹的意象分析、认知调整，小妹知道了自己害怕剪刀或利器是因为想要通过它们摆脱内心的痛苦，是希望获得安全感的表现，自己紧张同性是由于母亲形象的映射，是习惯性心理所致，同时自己也并不符合同性恋的条件。

当然，想要小妹真正的好起来，做这些调整还是不够的，她必须要正视自己对母亲的情感。在这个过程中，小妹逐渐意识到自己对母亲的认识了解大多都是负面的，曾经，恐惧和害怕完全占据了自己的内心，以致根本没时间、没机会去好好的感受母亲的心情，在她伤害自己女儿的同时，她的内心深处是多么的内疚和痛苦。当小妹慢慢转变她对母亲的态度、看法的时候，她的安全感也一点点的寻找了回来，即便无法抹去从前的不愉快回忆，但她已经接受了母亲。最终，在咨询师的细心帮助下，小妹渐渐掌握了适合自己的交往方式，生活、工作、情感一天天的好了起来。

面对焦虑的来临，我们不必更多担心。首先，应认识到焦虑是不可避免的，当我们不得不面对各种各样的选择之时，它就出现了；另外，焦虑是人生的一种体验，是心理的一种正常反应，只是当它影响到我们的工作和生活时就需要及时的进行调整了；最后，要有正视恐惧的信心，要相信即便是埋于心底许久的心结都能够慢慢的打开。

情感之乱——女心理师和她的 23 个案例

第四章
欲望篇

19. 寻找渴望的爱——恋母情结

> 假使小孩不受人们的陶冶，而保持其所有的一切弱点，并于孩提所有的一点理性之外，又加以三十岁成人所具有的热情，则他不免要勒其父亲的颈项，而和母亲同睡了。
>
> ——狄德罗

宏坐在我对面的时候，紧张而不安。ENYA 的美妙声音在房间里环绕，他说："你是否可以把声音再放大些。"

我如他所愿，音乐充满小小的空间，甚至我们的心，整个房间好像生动很多。他端起茶杯，茶水晃了出来。我递给他纸巾，纸巾的香味瞬间飘散。

他笑了，"对不起啊。"

我一直在微笑，"没关系的。"

宏说："我是朋友介绍来的。"

"噢。"

"他们和我说你很不错，只是没有想到你如此年轻。"

"呵呵，还好吧，三十岁的女人不是很年轻了。"

他笑了，慢慢地将身体靠在椅背上，他说："你相信这个世界有灵魂吗？"

"呵呵，也许这个世界还有我们无法得知的一些神秘的事物存在。"

宏叹气了，"你相信这个世界有因果报应吗？"

"至少上天对每个人是公平的。"

宏笑了。

宏很有钱，年少有为，三十出头，该有的他都有，事业、房子、车子包括女人……

但是他不开心，他每天在网络中寻找一个又一个激情，他在现实生活里接触一个又一个用钱购买的身体。

生活是多姿多彩的，只是色彩比较偏重黯淡。心，没有想象的舒畅，心，没有得到满足之后的安逸，好似永远不满足？

◎宏的意向和分析

宏的心里有一个围绕着火堆跑的小孩，所以他永远在追求激情，或者他所看到所观望的是无止尽的欲望。

宏的心里有深深的黑洞，看了就想跑，但是却止不住好奇依然去观察，所以他根本就不喜欢他用钱买来的肉体，

宏的心是最原始的，渴望在马上奔驰但是自己却是裸体的，所以他的欲望是强烈的也是渴望展示真实的自己，

宏的心对女性充满了不满，却还是愿意走近不同女人，带来不同感受。

宏说："在我的世界没有真爱，只有欲望，每次和一个女人新的一次开始，我都兴奋异常。我喜欢看似清纯的女人，看似正经的女人，看似高雅的女人，对于她们的追求好像是我一个很大的心愿，我会用各种方法对她们表示我的热情，我会用尽全力去让她们爱上我，直到心甘情愿和我上床。我对女人的索然无味就在于和她们上床以后，我不再想触碰她们的身体，我不再想见她们，于是我又开始寻找新的女人，新的刺激，刺激我再次征服的欲望。

"和女人上床之后，尽管也有爱我，依然执著等我的，但是我真的不再感兴趣，于是我变得越来越无情，越来越不再理会女人的眼泪。这样被我追求的女人在最初会花费我大量的精力，但是我很开心，乐此不疲，但是我在不再理会这些女人的时候，我的心也会很难过，但是我真的没有任何兴趣。

"我去找那些每天出卖自己肉体和灵魂的女人，虽然没有后来的麻烦和伤神，但是我却没有追求的兴致，一切顺水而来，一切只要你愿意，没有过程，没有激烈，没有拒绝，只有我的命令和女人的服从。"

宏抬起眼睛说："不好玩。"

我说："你爱过吗？"

宏说："爱？呵呵，什么是爱？"

"对于一个女人的强烈思念，对一个女人有强烈想保护、想照顾她的感受，每天会思念，会想和她朝朝暮暮，会想有和她有一个家。"

"如果这是爱，那我追求每个女人最初都有这样的想法。"

"身体上的欲望更强烈一些？"

宏不紧张的时候，口才是很好的，"爱也有欲望，身体和心灵

173

的结合才是爱的推动，如果对于女人，如果没有欲望何谈爱？"

"身体和欲望结合既然是推动爱，那为何你总是在全部拥有的时候不给自己和对方一点机会继续爱呢？"

宏看着我的眼睛真诚的说："我就是为这个而来，我也不想这样，我是基督信徒，我每天都在忏悔，但是我却难以自拔，我控制不了自己，欲望强烈袭击我的身体的时候，我每次都会走出去，可是在结束之后又深深自责。

"我也想好好爱一个人。有时自己很孤单，有时自己也想和一个女人好好爱一场，每天自己的公司有很多的事情，当我疲惫地回到家时，也渴望我的女人会在家等我，家里的灯是为我开的，为我而亮的。"

"可是，一切不是我想的那样，每次看到我心仪的女人，到最后我还是没有决心继续接触下去。"

我和宏对爱的讨论、对心的归属经历春夏，直到秋天的到来。宏所面临的不只是爱，还有责任，还有幼时心灵的创伤，以及自己曾经的伤痛。

宏曾经以为坚强的男人不该在乎眼泪，不该在乎过往的伤痛，但是它们并没有离去，深深存留于内心没有远去，影响他的爱，影响他的一切。

宏的记忆里没有母亲，因为他在抵抗有关母亲的一切回忆，只说：父亲是知识分子，一辈子教书，没有远大的理想（也许宏不知道），父亲过早苍老，过早离世。宏对于父亲的描述很简单，但是眼里有泪光在闪动。

宏的回忆很艰难，提起回忆童年，他总是闭着眼睛说："我记不起来，都忘了……"

宏有一段时间没有按时来咨询室，我以为他已停止心理分析。宏再次来的时候，心情很好，说："我又看上一个女孩了，你要帮我，我不想再次这样，我要继续心理分析。"

　　宏的第一次恋爱，在高中三年级，那个女孩清纯美丽，在他的眼里是天使。他喜欢远远地观望她，喜欢坐在她的身旁，喜欢闻她只有少女才有的气息和香味，喜欢她和他说话时的眼神，清澈而动人，喜欢她的一切。喜欢她的心自己知道，所有人知道，她也知道。但是他没有对她表白过，新年舞会上，宏勇敢地请女孩跳舞，心激烈跳动，身体有种力量，有种欲望促使他紧紧的搂着女孩，一切很美妙。

　　他以为和女孩之间有种默契，依然快乐地想念她，依然关注她。宏的一个朋友在一次谈话里，彻底粉碎了他梦想中的一切。女孩和那个朋友上床了，还说："宏是个胆小鬼，什么也做不了……"

　　宏开始恨女孩了，恨得他的五官都在瞬间改变，他没有了笑容，他不再理会那个女孩，女孩却在这个时刻找他了，他掩饰自己的恨，和女孩像从前一样说话，聊天，女孩说："你喜欢我吗?"

　　宏心底想我不再喜欢你，恨你。可他无法拒绝女孩的眼睛还是如此清澈，于是说："喜欢。"

　　女孩说："那我们做朋友吧。"

　　宏说："好的。"

　　女孩和他之间喜欢写信，宏终于有一天在全班同学面前宣读了女孩给他的情书。女孩看着他，他也直视着女孩，宏说："他们在哄笑声中互相对视了很久，终于看到女孩的眼泪冲破了眼眶，滚滚而落……"女孩从此没有再来这个学校，女孩也不知去了哪里。

宏说："其实我挺后悔的。"

我说："有没有想过你朋友话的真实性?"

宏惊讶地说："噢,我从来没有想过。"

宏说："当朋友告诉我的时候,我在内心出现了无数次他们在一起的画面,他们笑话我的场面,最后越来越真实,好像我在他们身边一样,我几乎相信是我亲眼看到的。"

我看着坐在对面的宏说："也许你真的看过呢?不同的是,有可能你看到的是别人的。"

宏开始紧张起来,他点燃香烟,让自己平静。

"是的!"

我的心落下了,如果天使般女孩是诱发的因素,那么背后还有更深的情结是宏今天对女人态度的根源。

宏尘封的回忆慢慢打开……

小时候的宏看到的是父母之间的彬彬有礼,他以为他们是最幸福的。其实母亲看不起书生味十足的父亲,母亲选择父亲好像是很无奈放弃对爱的追求,因为外婆不会让母亲和一个在他们眼里没有文化、没有好的家庭背景、没有前途的、有着不明来历身份的、眼睛里不是纯黑色的男人在一起。

但是母亲还是和父亲结婚了。父亲不善言谈,却对宏无微不至,而母亲对于宏的关心是冷冷淡淡的,就像宏是她一个追求幸福的包袱。

宏对于母亲是向往的,是渴望母亲怀抱的,是渴望母亲抚摸的。母亲美丽、端庄娴雅、有教养,举止透着大家闺秀般的迷人,拥有着那个年代被人不屑的小资情调。

宏在听到母亲房间里撞击的声音时，从半掩的门里看到母亲和不是父亲的男人在床上翻滚，母亲看到宏的时候，男人也在看着宏，男人的脸有棱有角、男人的眼睛深陷、男人褐色的眼睛在看到宏的时候有些慌乱，

母亲说："没事，他还小，不会乱说的。"

宏被母亲安顿好躺在床上的时候，难过地哭了，想念在奶奶家的父亲，期待他早点回来，

宏没有对任何人说这件事情，包括自己的父亲，

父亲离开这个世界后，母亲也哭了，不知她为何而哭，是为自己所嫁了一生的男人，还是懊悔自己对他的背叛，

母亲在父亲去世后，突然年轻起来，面容更加光洁，母亲再婚了，是那个有着褐色眼睛混血的男人。

母亲离开上海，去加拿大定居。宏不愿和母亲一起去，从他看到母亲和那个男人的那天起，他说他再也不爱母亲了……

宏对女性的理解和认识从母亲开始，到天使般的女孩，无论女孩的事情是否真实，宏相信自己的想象，想象来源于看到美丽高雅母亲的完美颠覆。

我们重新来讨论那个深夜宏所看到的一切，以成年的我们再次看到这些的时候，宏说他还是不可以理解。

我们以成年后对男女之间的爱情理解再来理解母亲时，宏说："其实，我也渴望母亲快乐，幸福。尤其是父亲去世以后，看到母亲再次焕发青春，我也为她高兴。也许母亲和父亲的结合从一开始就是错误，也许母亲真正的幸福不是我的父亲……"

宏找到真正的原因了，同时他终于也知道他为何每次和女人做

爱的时候，渴望、逼迫女人说脏话。尤其是高雅的、有教养、美丽的女人。让她们说自己和其他男人的做爱过程，说她们如何的低贱，说一切在欲望满足之后再也不愿意听的粗俗言语，而在激情火一般燃烧的时候，那些语言却是最美的催化剂，更加挑起身体里的渴望甚至愤怒的火焰，然后就是征服，更为勇猛的进入和更为激荡的呻吟在那一刻简直是妙不可言。

等一切恢复平静，等肉体的疲惫和心灵的再次冷静。想起女人的言语，他却想呕吐，再也没有兴趣。尽管有些女人为了迎合他而编织过程，他也愿意相信那是真的，然后就是对女人的厌恶，就是对女人的放弃，无论这个女人是否真的爱他。

我们对宏的心理分析从小时候到如今，宏的心理是渐渐明朗起来。

他是爱母亲的，却像父亲一样妒忌那个男人。他是眷恋母亲的，但是母亲却让他看到那一幕，这个过程不止是愤怒，还有刺激，还有一种兴奋。他还是爱母亲的，把所有女人都想象为母亲那样的完美，也似母亲一样的放荡。至少他如此认为。

他是爱母亲的，所以忽略了天使般女孩的事实，他不愿意去深究，因为女人都这样的。至少他如此认为。

经过心理咨询的宏已经认为，一切并不是他看到的那样单纯和丑陋，还有更深意义的一种情结。

那么对于女人的理解，需要新的开始、新的眼光。时间分分秒秒从我们生命经过，日子是一天天的如流水般逝去。宏非常珍惜新的一天，新的女人……

宏新的女人又是美丽的，这个女人一直不把自己轻易给宏。宏无法满足自己的好奇，无论是柔软的甜言蜜语，还是用金钱上的打动。女人都不为所动。女人的意思很明确，她要真实的爱情。她把自己看似如天使般纯洁，只为爱的人去奉献一切。她的原则是深深的、不可攻破的。在这样繁华、充满诱惑的上海，宏终于看到还有他战胜不了的女人。

宏的好奇越来越重，但是我必须提醒宏：你的好奇会在得到她后烟消云散吗？我们必须换个想法来真实地爱她，这样你才可以得到去爱你如此认为可以爱的女人。

宏越来越感受这个女人的不同，她是如此的上进，在职业上她的执著，在生活里她的浪漫。宏像初恋般地和女人谈起恋爱。

因为女人的矜持，因为女人的纯洁，宏对于这个女人不再是饥渴去占有，而是被她深深吸引。也许宏认为：这个世界还有因果报应。所以也有他得不到的。

而我说："其实，这次你已经不是在想如何去得到了一个女人，你已经在恋爱了。"

宏笑笑说："这样的感受真好。我已经没有再去找我不喜欢的肉体了，我想以后我也不会了，因为我越来越了解自己了。"

宏在这里分析自己的心理之后，显得冷静异常。宏的情绪很好，久违的恋爱在此时降临，及时地拉回他一度失去的灵魂。

宏说："有一晚，我们回到我家，彻夜长谈。后来我们都不知不觉睡着了。清晨醒来时，我发现我们的手紧紧地握着，看到她躺在沙发上姣好的面容，光洁的皮肤，轻轻的呼吸。我突然好感动，我跪在地上，静静地看着她，抚摸着她的长发。我发现自己的心在那一时刻是幸福的，也是从没有的纯洁宁静。"

女人睁开眼睛，羞涩地望着我，我们拥抱了。那时的吻，让我知道，我从没有充满爱意地去吻一个女人，也知道男女之间的吻原

179

来不止是性爱的开始，一种润滑，而是充满爱的意义，最美的乐章。

看着眼前的宏，我的心也被感动，"宏，真的为你开心，你终于找到属于你的女孩。找回自己，也终于知道自己如何来爱一个女人了。"

宏还是对自己担心，"如果我们有进一步的接触呢，会不会再有从前的事情发生？"

"不要对自己怀疑，这次不同于任何一场追逐。因为你已经了解自己，你已经知道心理的困惑。慢慢地走出你曾经固有的看法，那么这次的恋爱是及时的，朝你期望的走来。我们已经知道该如何珍惜，如何的保持久远。"

宏说："心真的很宁静，我会好好珍惜我来之不易的爱，应该说我会好好珍惜我来之不易地爱别人……"

宏和我终于结束了心理分析。宏的消息还是会不断地通过短信或者电话传来。一切比我们想象的还要好。

宏的女友出差去加拿大的时候，他也随着去看了母亲。母亲看到许久没有主动要求见面的儿子，欣喜得落泪。母亲在看到儿子和一个美丽的女孩在一起时，开心地又笑了。

宏说："妈妈，我们要结婚了。"

母亲看着微笑的女人，再看看成熟的宏。幸福的笑了。

宏还是拒绝了母亲定居加拿大的希望，但是这次母亲和他的心理感受都不同。机场送别时，看到母亲和混血男人之间的相互搀扶，宏和男人像父子一样拥抱，宏看到男人黑色的头发已花白却感到亲切。

宏对女友说："我们老了，也要像他们一样恩爱。"

女友笑着靠进他的怀里，飞机冲进云霄，幸福像空中的云层围绕宏的内心。

◎宏的案例分析

○本我、自我、超我

精神分析学家弗洛伊德将人格结构划分为本我、自我、超我三部分，在他看来本我是被快乐原则所支配的，无节制的不计后果的追求自我满足，受人类最原始的冲动驱使，其中包括性、生理、情感等方面。超我部分等同于理想的自我，是人的价值观、道德观、世界观的体现，超我的原则有时会抑制人最原始的冲动。而自我介乎于两者间，是本我和超我的协调体，同时也是最现实的。本我、自我、超我同时存在于每个人的人格之中。

女性美丽的脸庞、性感的躯体和诱人的气息都是宏所追求的，在性行为最终完成时，宏能得到极大的满足。事实上这便是本我的最突出表现，动物如同人一样具有性冲动，美丽的羽毛、肿胀的生殖器和发情时散发的气味都被作为吸引异性的工具，作为人类本身对于这些原始性的诱惑自然也难以摆脱。

然而，宏在无节制追求这些的同时几乎完全忽略了女性的精神感受和自己内心真正的体会，也就等同于本我被不断壮大的同时超我并没有起到丝毫的抑制，或是超我被完全忽视，此时的人格全部被本我占据和驱使，个体的精神全部被性欲所摧毁。所以当宏在获得极大满足的同时，宏对性、爱和婚姻的价值观、道德观已然不复存在，失落、惆怅的感觉便自然而生。

○ 俄狄浦斯情结

古代底比斯国的黑森林中，一个男婴被捆住双脚倒挂在一棵树上，一个好心人解救了他，并把他取名为俄狄浦斯，寓意是他那两只充血肿胀的脚。俄狄浦斯长大后成了一名勇士，在挑战怪兽斯芬克司的途中他无意的将底比斯的国王自己的生父杀死，斯芬克司也被他的智慧击败。被人们奉为英雄的俄狄浦斯进入了皇宫，并将底比斯的皇后、他的生母娶做妻子。当俄狄浦斯得知真相时，悔恨伴着金针一次次的戳进了他的双眼。这就是古希腊诗人索福克勒斯笔下的一场悲剧。

心理学家弗洛伊德曾借用这一故事阐述了人类心理上的一种情结，男孩依恋母亲，敌对父亲的情结，也就是通常人们所讲的恋母情结，弗洛伊德称之为俄狄浦斯情结。

恋母情结在每一个男孩的身上都有着不同程度的体现，母亲作为他们第一个接触的异性，随着男孩年龄的增长，一种模糊的性意识也逐渐产生。在宏的眼里，母亲是美丽的、端庄的、有教养的，母亲对他习惯上保持的距离不断增强了宏内心深处对母亲的渴望，渴望她的拥抱，渴望自己同父亲一样与母亲亲密。然而，一个突发在他面前的场景，令他极度不安，嫉妒、愤恨与曾经的渴望、向往矛盾的交织在了一起。这个他一生中初次接触的异性形象的改变，在他幼小的心灵深深扎根，并开始不停地影响着他对异性、对性、对爱、对婚姻的看法，这种思想也直接导致了宏在现实之中的行为。他努力地扩大本我的愉悦，努力地避免着超我的发生，愉悦虽然导致失落和惆怅，但幼时的未能满足的冲动替代了他全部的精神，让愉悦成为了一种习惯。而这种长时间的习惯是他所厌恶的，逐渐地化成了痛苦。

○ 宏的改变

宏认识到了幼时的自己，将自己的行为和与母亲的关系及那次突发性事件清晰地有意识地联系在了一起。通过咨询他知道，解开曾经的情结将是一个必然的过程。于是宏打破了与母亲许久的沉默，尝试着同她沟通，尝试着去理解她，重新拾起丢失已久的母爱。

同时，宏对性、恋爱、婚姻的观念开始重建，新的价值观、道德观、人生观也显现出来，超我自然的开始了作用，自我随之产生，宏便不再随意受本我控制，他开始关注女性的精神，感受自己真实的内心。

宏的改变不久便收到了回应，母亲原来一直都那么爱着他，生命中的另一半终于降临到他身边，他感受到了家庭的温暖和幸福，也体会到了爱情的激荡和酸痛。

20. 一个男人换妻后的痛苦心理

> 仔细研究我们的一切欲望，我们会发现，几乎所有
> 的欲望都包含着难以启齿的内容。
>
> ——雨果

当性学家李银河写出对换妻的意见和自己想法时候，引起国内一片哗然。当传统道德思想和这个时代强烈冲击时，对于此事件的震撼和思考成为人们一度关注的热点。而我在自己的心理咨询案例中接待这样的男人或者女人时，从人本主义角度出发，无论当事人选择如何，心理上的矛盾和冲突却是我要来面对和解决的。

第一次接到陈华的电话时，我的助理告诉我说他一定要先找我谈谈之后，才考虑是否心理咨询。于是在我们约定好的时间，我和他在电话里有了简短的谈话。

当他知道我是楚涵时，直接就问我："你对换妻怎么看？"

我说："我只是心理医生，不是道德评判家。所以从心理角度来说，我能理解这件事情，如果因为这件事情造成的心理冲突和情绪不安，这个是心理医生做的。"

他问我："你愿不愿接受换妻的行为呢？"

我笑了："虽然我理解，但我不愿意此尝试。"

他的语气很尖锐，"如果你没有进行换妻行为的尝试，你怎样了解我们的心理，你怎样才可以帮助我们呢？"

面对他的质疑，我平静的回答："如果我要做同性恋的心理治疗是否要去尝试爱上一个同性呢？如果我要做虐待者和受虐者的心理治疗，我是否要去尝试虐待和受虐呢？如果我要做妓女的心理治疗我是否要去尝试做妓女呢？"

陈华在电话那头哈哈的大笑了。他说："你很厉害。"

我也笑了："谢谢，我只是很真实的表达自己想法。"

陈华最终和我约定在星期三的晚上七点见。

雨已经持续下了整整一个星期，这天的风很大。

七点的咨询已经就很晚了，所以我开了房间内所有的灯，而窗外已经霓虹闪烁。从我的窗外看去，对面的树几乎要承载不住风的肆意攻击。

陈华晚到十几分钟。当他低头填写资料的时候，我看到他脖子上有伤痕。当他落座在我对面时，他问我"你是否可以把窗帘拉上？"

我说："可以。"在我拉窗帘时，我似乎感觉到他犀利的眼神看着我的一切举动。

当我们看不到树影的摇晃，看不到窗外的霓虹闪烁，看不到黑暗时，面前这个男人的表情已经有了悲伤。

他说"楚涵，我真的很痛苦。"

我说："我们慢慢来谈好吗？"

陈华说："我现在被欲望和痛苦而纠缠，我不知道是进还是退。我高估了自己的心理承受力，我也没有预料到后来的一切变化。一切都在我的内心乱成一团麻，理也理不清，内心的矛盾和复杂已经不可承受了。我和妻子谈过，她说：'这不是你自己提出的吗？你到底要我怎样？'这时，我也不能回答，因为我自己都不知道该怎样。

"曾经我把一切都放在了事业上，为了妻子为了孩子，我几乎没有自己的生活。当我的事业稳定以后，我发现我和妻子平静的生活缺少了什么。十五年的婚姻早已经没有了激情，更多的是亲情。我和妻子的情感很好，什么都可以交流，她也可以理解我。可是，我还是觉得缺少什么，我们的夫妻生活更多时候成了一种任务，至少我这样想。很多时候要看一些黄色的碟片来刺激我们的欲望，看到里面有很多人在一起的镜头，我也会问妻子，你愿不愿这样，妻子给我的回答，从来都是不愿意，因为在别人眼里做爱会不知所措，会有压力。我也笑笑说我也是。那时，只是一个笑谈，自己也没有在意。

"后来，有一次和朋友聚会，与朋友聊起生活的平淡，朋友提议我去看看一个刺激的游戏。当听到这个想法时，我的热血沸腾了，我感受到已经平静十几年的心跳和即刻要爆发的热情。"这时，陈华笑了，他说，"似乎我是个性感的人。"

"那天我精心准备，按照朋友给的地址我来到一个陌生人的家里。这里的男人和女人都很友善和热情，彼此都很熟悉，每个人心中似乎都有所期待。而在这之前，我几乎什么都没有想，强烈的渴望和欲望让我在高昂的情绪中等待，那几天等待的日子忽然变的生动起来。我喜欢这种感觉。

"那天，我只是作为一个观看着欣赏着眼前这一切。我看到我熟悉的朋友和朋友的妻子互换着，我看到他们毫无遮掩的进行着他们最得意的作品。每个人都喝了一些红酒，气氛是那样的迷乱和充满诱惑，每个人的神情都那样的陶醉和兴奋。我就像是暴露狂们所要展示的对象，不同的是我没有尖叫，我没有逃跑。我静静的观赏着，没有人看到我的内心的冲动，没有人这时注意我的神情，男人女人都沉浸在自己的世界中。

"当我回到自己的家里时，我压抑的冲动忽然迸发，激情似乎又回到了我的身上，我干渴的嘴唇几乎窒息了我的妻子，那一团火烧的我几乎让我失去了三十多年的理性和温雅。感觉自己像野兽一样的冲击着自己和妻子，那一刻，我们真的很满足。"陈华舔舔嘴唇，似乎这段美好的冲动还留有余温。

陈华继续说道："妻子很开心的说，今天怎么变的如此疯狂。我告诉她晚上的经历，妻子没有责怪我，相反她问我，那你为何没有去尝试，憋到现在呢？我笑笑说，'还不是因为你。'"

这时，陈华看着我说："我们的感情真的不错。所以我还是在乎她的感受，我安慰自己说，不就是自己看了场性感电影。我和妻子那夜非常的好，我们又做了一次，这次的感觉更好，因为妻子也很投入。"

"这次的经历让我经久难忘。渴望和冲动使我成为这个聚会中的一部分。每次我都是观看着的角色，但内心的冲动渐渐的也想自己去亲身体会。男人和女人们都说，何时把你太太也带来玩玩啊。我经不住诱惑，我已经不满足只是自己看着眼前的痴男欲女，我也想看看自己的妻子和别的男人在一起，我也想一起加入这个疯狂派对。

"我和妻子做过工作，妻子每次不同意，她说有顾虑，说会害怕。那时，我的热血几乎让我没有思考这会带给我们什么，我几乎想不到，为何会害怕。我说，'这只是游戏，又不是真的。我们的情感这样好，这只是增加我们夫妻之间情感的一个游戏而已。'

"妻子的态度从坚决的抵触在我的不断影响下逐渐的减弱很多，最终她同意了。我欣喜万分，我快乐极了，那一刻，我觉得自己好幸福，我好爱她。妻子答应后的几天，我们性生活都是那样的充满期待，那样的美好。终于，我带着自己端庄娴雅的妻子走进这个派对，却最终失去了美好的一切。

"妻子第一次来这样的场合，难免羞涩，朋友们的妻子和她笑谈着，我看着她逐渐的放松自己，也许有红酒的原因，她的双颊绯红，那夜她真的是妖媚动人。一切都和往日的一样，却又那么不同。当我真的看到男人和妻子在一起时，冲动，热血，心跳，终于让我走近了另外的女人。当我投入的去爱抚这个女人时，我看到妻子陶醉和享受的神情，突然，我觉得不解，为何她如此羞涩现在却如此放荡，为何她一直都不愿意，现在她却如此享受，为何她曾经那样的难以接受，现在却主动迎合。为什么她第一次来这里就融入了这里的一切？那个时刻，我胡思乱想着，我失去了激情，我失去了曾经有的冲动，我突然的瘫软下来。于是，我又回到一个观看者的角色。这时，我静静的看着眼前的妻子和其他男人，而此时，已经不是欣赏。他们裸露的身躯在我面前旋转起来，他们的扭动让我有些想去呕吐。我的内心极其矛盾复杂。

"那天我的解释是我喝多了。男人们笑着说我，下次可不要只是顾着喝酒，耽误了最开心的事情。我呵呵的笑着，有些无力。我不知道怎样回的家，也不知道怎样和妻子走出那栋别墅。以前我自己回家时，都会和她说感受，而我相信妻子也希望和我交流，但是我那刻选择了逃避，因为我不知道该如何面对她。妻子以为我累了，自己也睡了。但我那天一夜没睡。脑海里就像电影回放一样都是妻子和别的男人做爱。我只能说：'那时我的心情很复杂。'

"就这样，我们有了第一次尝试，但结果却不是我想的那样美好。我刻意回避和妻子交流，刻意回避与她有亲密的接触。妻子感觉到了我的冷漠，终于她忍不住了问我，'你怎么了？'我突然觉得好厌恶她，我觉得她很放荡，我觉得她很贱。但我怎么能说出口呢？这次的经历是我一直纠缠她的，现在我只能自己承担。

"后来，我逃避似的找出一个结论，也许我还不适应妻子和其他人的亲密，也许多几次这样的尝试就适应了。但是后来的尝试，几乎让我绝望。我强烈渴望着看到妻子和别的男人做爱，却无法享受曾经认为的诱惑和刺激，此时就像一种折磨，我总是再想，妻子为何如此下贱。而我的妻子最后比我更加钟爱于这种性游戏。

"我们的性生活迅速下降，甚至还不如从前的平淡。我甚至厌恶她的身体，却不能告诉她。终于有一天，妻子再也无法承受我的冷漠时，我把心中一切的想法告诉了她。妻子惊呆了，也愤怒了，她大声的喊着：'我就是贱女人，我是！'忽然，我感到自己又回到了那个夜晚。我狠狠的摁倒她在地上，我剥光了她的衣服，我叫喊着，你这个贱女人时，在互相扭打中我们却做爱了。她从开始的挣扎到后来的投入让我又体会了有别于从前的一种性体验。我竟然在愤怒中更显的无比强大。我发现内心的压抑到最后的释放让我会如此的疯狂和变态。

"以后，我们性生活又陷入一种怪圈。只有彼此激怒的时候却是彼此最需要的时候。我和她还是继续参加换妻的性游戏。我尝试着那个时刻不要再看妻子和别的男人做爱，可是我做不到。那种诱惑就像打开的潘多拉的魔盒一样，让我沉浸让我痛苦，让我渴望又让我不安。而这时，我发现了她和其他男人的约会。我从不想去问她，只是猜想着他们无非就是那个场面。嫉妒，羞耻，男人的自尊，诱惑，刺激，放荡，下贱等等名词都出现在我的内心。我痛苦极了，进退两难让我极度的不安和焦虑。我怕自己会疯了……"

陈华终于一口气讲完了自己这段刻骨铭心的经历和感受，长叹一口气。

他说："这种内心是无法和朋友们交流的，因为游戏就要有游戏的规则，只是自己游离在游戏和真实之间，他也无法和妻子交流，因为这一切都是自己愿意。"

陈华的眼神闪烁着复杂的光芒，就像他复杂的内心一样。桌上的钟表嘀嗒嗒的从我们心田划过，时间似乎已经凝固，我知道他在等我的答案。

我说："也许人们都高估了自己的心理承受力。很多时候，我们以为我们可以冲破传统，冲破道德约束，当人们迈出这一步，却发现原有的传统和道德还是深深禁锢于我们的内心。就像荣格说的，它已经形成集体无意识，这种意识也许从出生开始就有了，而这种潜意识在意识的斗争中逐渐隐藏到了冰山深处。就像孩子出生后就害怕黑暗，就像孩子会怕蛇。当我们渐渐长大不再惧怕的时候，那是意识中进行的修整，经历中的成长。当我们行为超越曾经的准则时，失眠就成了生理的表现，这种潜意识就会浮出心灵深处，对黑暗的恐惧就会再次来临。就如此时，你冲破了三十多年的行为准则，冰山深处的潜意识就会和意识对抗，矛盾和不安就会出现了。"

"陈华点点头说：我理解你的意思。也就是说，我的骨子里还是一个传统的人，这个游戏我并不是完全接纳，对吗？"

我肯定的回答："基本上是的。这里不止是传统和道德的问题，还有着你对爱人最原始的占有欲望，和你自己最原始欲望对抗。就像一个孩子，有人给她一颗糖吃，交换她的洋娃娃一样。对于你来说，你非常渴望想吃这颗糖，因为它诱惑着你，这时，也许你什么也不用思考，就把糖放在嘴里，当你非常开心的时候，这个人说，我还有更好的东西和你换。这时，你就会矛盾我是要美味的糖？还是要给他你最重要的东西？如果你始终犹豫不定，你就无法体会糖的滋味，于是充满的渴望。当你作出决定，我拿自己最重要的东西和他换时，你才会发现那个东西对你来说更重要。而糖的滋味虽然还是那么美妙，可心里多了些感受和情绪。

"也就是说，你的爱人在你的内心是私有的，是最重要的，传统意义上讲，你在这点还是无法突破的，她就是你的女人。性爱游戏对你来说很诱惑，但是面对你最重要的东西和自己原始欲望对抗时，最重要的东西就战胜了你的欲望。也就是说，对妻子的纯私有意念高于诱惑，甚至可以说爱高于你的欲望。尽管你对她是厌恶的，但内心深处你还是爱她的。"

陈华说："是的。"

我继续说："你的复杂和矛盾需要仔细分析和归类，就可以找到情绪源头，你会发现最终只是这个问题，你能接纳换妻游戏的存在，能接纳别人妻子参与换妻游戏。但是你并没有接纳自己参与换妻游戏，也更不能接纳妻子参与换妻游戏。

陈华说："嗯，但是，我还是渴望看到妻子和别的男人在一起啊？所以我进退两难。"

我说："与其说是你渴望看到，在我看来，你更多是试图让自己接纳这个现实。而诱惑本身已经失去了吸引力不是吗？如果你一次次绝望，那么你一次次的还会去尝试，这只是渴望或者诱惑这么简单吗？"

陈华说："我明白你的意思了。可是，我和妻子已经回不到从前了。"

我说："你们经历了这么多，你们的情感不是那样轻易击垮的。你需要和她去沟通，说出自己的感受，甚至想法。她才可以和你一起去面对你们一起要经历的风雨。就算是她和其他人约会，这一定就说明她和别人怎样吗？交流和沟通才可以正确了解对方的想法。"

陈华："这倒是，我只是猜的。这点我会努力，可是我们的夫妻性生活怎么办呢？现在每次在一起就像仇人一样要打架。"

我笑了，"其实，这也是夫妻性生活的一部分情趣哦。有很多夫妻还有角色扮演呢。比如护士和医生，绑起对方手脚的方式。如果这样的方式让你们更加的快乐，那么就无须在意什么方式开始，只是不要过分就好。"

陈华恍然大悟一般，"对啊。还有人做爱的时候一定要骂对方的。"陈华终于笑了。

陈华离开我办公室的时候，外面的风好像小很多。他说会和我再联系。今夜上海的夜晚突然的很宁静，我坐在车上，看到高楼之间移动着得圆圆明月，心想，明天一定是个好天气。

陈华后来会经常到我这里坐坐，说说他的心情，他的情绪，说说自己的见闻和态度。他说我也很八卦，天天坐在办公室里就了解了很多的新鲜事，说我的眼睛里有着好奇和探索。

我笑着说："多些了解，对我的职业会更有帮助哦。"

他告诉我，那天从我这里回去就和妻子谈了整整一夜。他说出第一次回来时的心情，妻子也说出了自己感受。其实，妻子也不愿意参加换妻的游戏，只是不想扫他的兴致，一切都为他做的。后来听到他的指责也感到委屈。他很感动，最后他们决定不再参与这个游戏。

经历这次，他们之间的关系更加良好。而重要的是陈华不再矛盾，情绪逐渐平稳。因为他们都明白什么更重要。

作为心理医生的我只是解除和治疗我当事人的情绪和内心矛盾，这个我做到了。

21. 艾滋病的恐惧

> 当"文明的"性道德占压倒优势的时候，个人生命的健康发展与活动就可能受到损害，而这种牺牲个人、伤害个人以照顾文明的倾向一旦超出了某一界限，必将翻转过来，有害于原来的目的。
>
> ——弗洛伊德

小齐个子不高，神情沮丧地坐在我的对面。他不用我们为他准备的一次性喝水杯，手里总是转动着一瓶矿泉水饮料。

小齐说，如果他自己承担内心的苦痛，也许他会疯掉，找到我不是找寻什么帮助，而是找寻一个可以倾诉的人，度过最后的日子。

小齐的声音很低沉，清秀的脸庞很年轻。他说："我只有二十五岁，人生还没有经历就要结束。"他始终低着头，一切好似说给自己听。

小齐说，每天夜里他都无法睡觉，只是静静等待死神的降临。

而他想的最多的就是他走了，他的父母该怎么办？于是，他会偷偷地哭，会泣不成声。

面对一个生命垂危的人，语言已经很无力，而我的眼里除了涌出的泪水，也在心底发出一声叹息。

我鼓励他说："在最艰难的日子里是需要和家人沟通的，可以获得支持和帮助，会减缓一些痛苦。"

小齐说："我不知道怎么和他们开口。因为这个病是无法说出口的。"

迅速的，我在脑海里搜寻可以夺去生命而无法向亲人坦白的疾病，我想到了很多人因为恐惧艾滋病来我这里做心理治疗。

小齐说："这个病很可怕。短短几天，我的喉咙开始痛，我开始发低烧。我清楚地知道这个病情的最后发展。"听到小齐描述的症状，我已经知道，这是艾滋病的早期症状。

我说："你已经被诊断的了吗？"

小齐终于抬起头来和我说："结果还要两个月再出来。"

我说："医生给你诊断什么呢？"

小齐说："医生没有给我诊断，只是说要等结果。而我知道，我已经身患绝症。"

我小心地询问："你认为自己患有什么绝症呢？"

小齐用英文给我回答："AIDS。就是艾滋病。"

突然，我的心轻松起来。面前这个男孩还没有完全得到确诊，只是怀疑自己得了艾滋病。

我告诉他，我接待过很多说自己得了艾滋病，或者恐惧艾滋病的人。其实，最后都没有事情。至少我的案子里还没有艾滋病的患者。更多的时候，人们只是恐惧和担心而已。

小齐说："我也这样告诉自己，可不是这样。这几天的持续的低烧，难道不是证据吗？"

我说："低烧并不只是意味着是艾滋病的病毒影响，还有很多原因。"

小齐说："你不用安慰我，我知道自己的身体。我从来都不会发烧的，我的喉咙从来都不痛的。"

我说："我不是安慰你，只是用事实在说话。"

小齐忽然很生气，"事实？事实就是我持续地发烧，喉咙痛。"

我笑着说："好吧。既然你一定认为。我尊重你认为的事实。"

小齐说："我查阅过很多艾滋病的资料，我知道的。我也想告诉自己，这是自己吓唬自己，可是我说服不了自己。我为自己的冲动付出了沉重的代价，付出了生命。"

小齐说到这里，久久的沉默，我看到他深深做呼吸。

我说："既然你来找我，那么我们需要理性的分析分析。好吗？我可以做你倾诉的朋友，但是我也要帮助你理性地来认识自己目前的心理状况。既然你知道艾滋病资料，你必定知道它的传染途径，对吗？你有献血，或者高危性行为吗？"

小齐说："我知道自己怎么得的。我有高危性行为。"

接着的询问，小齐有些局促和不安。他有些想回避，问能不能不谈。我说："你介意我是个女性，对吗？"

小齐说："我从来没有和人说过我的这些事情，我自己都觉得很罪恶和恶心。"

我说："不用担心，我研究过很多男性的性心理和女性的性心理。当我们对自己的心理有所了解的时候，就会更好地来面对了。一个人的欲望不是罪恶，是真实的，也是美好的。只是方式会引发不同的感受，所以我们需要正确面对这个问题。"

小齐点点头，终于慢慢地说出了自己的经历。

小齐从来都没有女朋友，也没有过性经历。对于他来说，自慰都是罪恶的。小齐对性的认识很模糊，对异性的认识更是一片空白。小齐和朋友们聊天的时候，有人就会笑话他还是个处男，小齐感到很沮丧，虽然他也拥有着这个年纪所该有的强烈欲望，甚至性的冲动。

小齐的工作表现很好，很得领导的赏识。在他胜任新的职位时，他很欣慰。那天朋友们一起为他庆祝。最好的朋友在他耳边悄悄地说着给他一个惊喜，给他找了一个女孩，其他不用他管。

小齐的内心很矛盾，朋友确实对他很好。而他自己却不能接受和一个陌生女人在一起。他说，那时，他又渴望，又害怕。但最终还是和女孩到了宾馆。

小齐在女孩面前很局促，手脚都不知道该往哪里放。女孩很热情，也很老练。一步步引导着小齐靠近自己，抚摸自己。他说，自己的很多第一次就在那天开始了。第一次和女人来宾馆，第一次和一个女孩亲吻，第一次如此近距离地看一个女孩，第一次真实地看到一个女人的裸体，第一次和女孩睡在一起。

小齐虽然很被动，却逐渐的渴望着进一步。女孩拿出避孕套给他，他也是手脚忙乱地带上，可他在靠近女孩的一瞬间，就不行了。他们最终也没有完成整个性爱，也许是因为紧张，也许因为只是第一次。在他卸下避孕套时，他发现避孕套破了。

回到家后，小齐的心情从开始的兴奋到冷静。他感觉自己很可怕，很罪恶，自己很脏。于是，他不断清洗自己，洗了很久很久。

第二天，他就感觉自己喉咙有点痛。他没有太在意。

工作的时候，他偶然翻到一张报纸上说关于艾滋病的防护。他突然紧张起来，他开始翻阅大量的资料，所有关于艾滋病的文件和信息。到了第三天，他发现自己浑身发烫。他急忙到了医院，自己在发烧。于是他更加证实自己已经感染了艾滋病毒。

后来的一个月，他跑遍了各家艾滋病检测医院。医生说此时还不能做诊断，还要等到一个月后才可以检测，才可以有最后的诊断。

这时的小齐却给自己下了判决书，他已经把自己归类为艾滋病人，因为他持续的低烧和喉咙痛。

小齐从小是一个乖孩子，是个好学生，工作后是一个努力优秀的好员工。他无法告诉别人自己经历了什么，虽然他有好多朋友，但是他一直都是他们之中的优秀和完美代表。而这件事情就像是一个污点弄脏了雪白的画布。

小齐说："这些日子，我除了默默工作，就是想着如何悄悄的离开这个世界。"

我看着小齐坚定地说："我相信你没有得艾滋病。"

小齐说："你又在安慰我。"

我笑了，问："你告诉过医生你的性爱经历吗？"

小齐说："没有，医生也没有问。"

我说："好，现在你听我说。第一，你有防护措施。"

小齐打断我的话说："可是它破了啊。"

我说："对，虽然它破了。但是，你们没有发生真正的性行为。这个你确定吗？"

小齐说："是的，这个我确定，因为当时她还说我，没有关系。很多男人第一次都这样。"

我说："很好。你很确定，但是艾滋病病毒是通过什么感染的，你该知道，所以无论避孕套是否破漏，感染的途径却不存在。"

小齐说："那么我为什么低烧和喉咙痛呢？"

我说："你问得很好，你需要听我解释。第一，那天晚上你们是否尝试了多次？"

小齐不好意思地说："是的。"

我说："嗯！那就对了。那天夜里，你高度兴奋，高度紧张，也会很疲惫，也就容易感冒。第二，我要问你，如果你的第一次是和你爱的女人在一起，非常的美好且又快乐，你会觉得罪恶和肮脏吗？"

小齐不加思考地对我说："不会。因为我一直期望的都是和自己爱的人发生这样的事情。"

我说："很好。可是你对这次经历非常自责，内疚，你的身体症状和你的内心的悲观和绝望，其实是你潜意识对此事件的自我高度惩罚，而艾滋病是毁灭性的，是最沉重的惩罚，它是你潜意识中最高的惩罚代表。于是你的身体和心理都接受到暗示，也就会表现出低烧和注意喉咙变化。潜意识的消极暗示作用非常强大，就像一个人对一件事情的偏执，就会导致生理的头痛，一个女人对爱情的患得患失，会造成她胃部疼痛。就像一个男人压抑自己的眼泪，就会通过打喷嚏或者流鼻涕来释放自己的痛苦和泪水，男人得鼻炎的概率就很大。"

小齐惊讶地看着我说："你的意思，这是我对自己的惩罚？"

我肯定地说："是的。你对自己要求很高，也很严厉。所以这次的事件会通过生理的方式表现出来，是一种焦虑转移，因为你内疚，因为你自责，所以你会焦虑不安。而生理的不适越是让你坚信自己患有绝症时，心理的负面恶性循环就开始了。"

小齐终于松口气说："虽然你说得很有道理，但是我还是怀疑。"

我说："没有关系，时间和最后的诊断可以证明我的分析。而现在你需要做到的是，去原谅你这次的'错误'。去珍惜你现在还拥有的一切，当你尝试着原谅自己时，你的症状就会消失。"面对我如此坚定，小齐虽然怀疑但情绪恢复了很多。

后来，我们探讨了人类的欲望，关于性的看法，原谅错误和自我成长。最后，小齐告诉我他一直都在注意喉咙，所以他不自觉地会咽口水，看看痛不痛。现在他好多了。小齐的情绪越来越好，终于他笑着走出我的工作室，我们挥手说再见。

小齐第三天给我电话他已经不发烧了。我笑着说："你会慢慢相信我所分析的！"

一个月后，小齐还是做了检测，结果一切正常。

小齐又恢复到以前，那个积极阳光的大男孩！青春的阳光再次照耀到这个男孩的心灵深处。小齐电话里对我说："这次的经历让我的心理成长了。"

◎小齐的案例分析

○与性道德有关的强迫观念

即使个人力求努力抑制，但一些思维、意象或冲动仍反复出现或持续作用，这一现象在心理学中被称作强迫观念。具体地讲，强迫观念是对意识的一种外来的侵入体验，它们在旁人听起来也许没什么实在意义，但对于正经历着的人是难以接受的，也是痛苦的。

对于小齐而言，这种侵入的意识便是得了不治之症——艾滋病。他清楚地知道这也许只是自己无中生有的观念，也经过了医生的诊断和证明，但仍无法消除，每天甚至每时都会想起，持续焦虑的情绪让他越来越感到这是真的，感到自己的人生即将坍塌。

当然，除了强迫观念之外，我们不能不提的，还有影响这种观念的意识本身，这也是与性道德、负罪感紧密相连的。事实上，在每个人受到诱惑做出自己认为是罪恶的行为时，良心也在起着一定的作用，因而这一行为之后，人往往会受到两种痛苦的冲击：一种叫做后悔，另一种叫做忏悔。这里所提的良心便是弗洛伊德讲的超我，是道德的、高尚的，它与追求原始欲望的本我正发生着激烈的冲突。从另一方面简单的说良心还是担心被人发现的恐惧。

　　一直以来，小齐对自我的要求都很高，从一个家里的好孩子到学校的好学生，公司的好员工。对于性方面小齐也很保守，在他的心里没有情感的性行为都是罪恶的，其中也包括了自慰。就是这样一个传统本分的男孩，在一次朋友的怂恿下却没能抵制性的诱惑，即使是不完整的性行为，仍让他感到不安和罪恶。几天后，报纸上的一则有关艾滋病的报道引起了小齐的注意，想到自己喉咙的不适、身体的发热，一种强烈的恐惧油然而生。他害怕自己曾经罪恶的行为被家人知道，被朋友发现，被他人鄙视，他希望自己仍然在别人心中保持良好的印象，自己坚持的品德仍然存在，他不敢把自己的情况和别人讲，他只能在别人面前强作无事把惶恐和痛苦压在心底，而这一切都让罪恶的念头愈加清楚、严重。

　　○找回理性的道德

　　在那一次不完整的性行为后，小齐的情绪中更多的是后悔，然而后悔除了徒增恐惧和不安之外，没有丝毫的意义和用处。事实上，能消除人的罪恶感的是上面曾提到的忏悔，也就是寻找理性的道德。对于理性的道德，哲学家罗素是这样释义的："在理性的道德中，只要不给别人也不给自己带来痛苦，那么，给自己带来快乐，都是应该值得赞许的。一个会享受各种美好事物而又不带来消极后果的

"等等，你是医生出身？"

"是的。"

"那我有个要求。"

"你说。"

"在做咨询的时候，你是否可以满足病人的要求？"

"对不起，我不懂你的意思。"

"你会拒绝我的要求吗？"

"你可以说清楚你的要求吗？"

我的声音严肃了，每天接到提出这样那样要求的人很多。要求我穿黑色丝袜的，要求我穿白色衣服的，要求我看男人自慰的，我继续考验我的心性，等他说完。

"你可以让我感觉痛楚吗？比如你打我或者侮辱我？"

"噢，你能告诉我，你为何要做心理咨询？"

"我知道心理医生可以满足病人的要求。"

"先生，对我来说，来咨询室的人不是病人，是来访者。是心理暂时困惑的人，需要帮助的人。如果你想对你的心理有所改变，我可以帮助你，但是我不能满足你的要求，对不起。"

"我很失望。"

"我很遗憾。对不起。"

挂了电话。我陷入沉思，如此动人的声音，这是怎样的一个男人？

习惯性的看窗外的景色。远处霓虹的跳跃，告诉我一天又过去了。有朋友说，喜欢上海的秋日：因为夜色很早就降落。他喜欢如此厚重的感觉。其实，我也喜欢，上海的夜色是最美的。散发着优雅、神秘甚至迷乱的味道。

海来到我这里的时候，已迟到十分钟。我在接待厅看到他的时候，他伸出手，笑容灿烂的说："楚涵，你好！"

我听他的声音有些耳熟。

海落座在我的对面，很大方的说："昨天我给你打过电话，你拒绝我了。"

"嗯，那你今天？"

海笑着说："我不相信，我要证实，你这个柔弱的女人会不会让我痛楚。"

"呵呵，我不会让你痛楚的，我相信。"

我看着海。他是高大的，甚至可以说是英俊，他说话的时候，总是灿烂的笑着，他的眼睛从没有离开过我的眼睛。我被震动，如此看似健康的笑脸，他的背后有多少的伤痛？

"你最符合我的标准，你是美丽的，你是柔弱的。你是医生，你曾是军人，你又是心理咨询师。你细细的手指可以把我掐痛吗？你优美的脚上那双高跟鞋可以把我踩痛吗？你温柔的声音会变得严厉吗？你会骂我？你会侮辱我吗？你像审犯人一样的审我，拷问我，让我感到痛楚，让我信服于你。让我心理达到舒适，就是对我最好的治疗。"他说的时候，眼睛里有着光芒。他的面色红润，身体前倾。我慢慢的靠在我的椅背上。他站起来，走到我的身边，我冷静的仰头望着他。

"你拿过手术刀的手可以把我划痛吗？你射击过的手，可以把我打翻在地吗？你知道力度，你知道如何恰到好处……你是心理医生，你知道如何让我开心。那就来审问我，问我为何喜欢你侮辱我？"

我说："你躺在沙发上吧。我会问你。"

我放了音乐，让他安静。他忽然站起来，把他的衣服撕开，"你看看我的伤，你看我手上的烟头。你相信我了吗？"

"嗯。你转过身去，面对着窗外。我看你的伤痕。"

皮鞭的印记很重，我看着的时候，想象不到我经历这个会怎样，因为我是最怕痛的人。

"谁对你做的。"

舒缓的 Shepherdmoons 环绕整个房间的时候，海安静了，他躺在沙发上。

"十年前，我的女老板，带我去了一家俱乐部。这里有很多无聊的女人，有的很美丽很美丽。有的很老很老。但是共同的是，她们很有钱。她们给我很高的价钱，从掐我，到踩我，到抽打我，我都没有疼痛。她们又给我更高价钱，烧我，我还是没有疼痛。当我的十指被绣花针扎入指甲里时，我轻微的感到疼痛。但我感到极度的满足，我爱上了这种感觉。从那时开始，我就不相信我没有疼痛。我要证实，我甚至喜欢上看似柔弱的女人折磨我。我不会反抗，我只是笑着。我却不能容忍男人来折磨我。"

"是从那时开始的吗？"

海沉默。

"你的性生活好吗？"

"不好。和这个有关系吗？"

"也许。我不在乎了。我只想着如何满足我的愿望。如果让我感到痛楚和侮辱的时候，我会安静，心理舒畅。我知道一时是改变不了的，你可以答应我的要求吗？或者你可以对我做个测试，拿针试试？"

我继续说："这是性爱的另一种表达方式。"

"嗯，那又如何？"

"闭上眼睛，先让自己放松。试试另外的方式可以缓解你此时的心理。"

他还是闭上了眼睛。我给他一段引导，他的眼前出现了温暖的画面，温暖的海水包容着他，他感到舒适和宁静。

这时，我问他："你哭过吗？"

很久，很久，我看到他的眼泪顺着棱角分明的脸颊流下。

"你恨女人吗？"

"不！"

"你可以记起你的童年吗？"

海沉默了很久说："母亲是个美丽的女人，曾经她很温柔，曾经她很疼爱我……母亲在父亲离世的第二年，性情开始变了，她开始骂我，打我。可是我看到美丽的母亲在夜里偷偷的哭泣，我不想躲避，我不想反抗。我想如果我的痛楚可以让母亲心理轻松一些，我愿意让母亲狠狠的打我。起初我有疼痛，但是我慢慢的没有了痛感。母亲也许以为我是和她抗衡，更是打我凶狠，但是我心里非常的开心。

"在我十五岁那年母亲也去世了。她走之前说对不起，不该打我……我说：'妈妈，我爱你，为了让你快乐，我喜欢你打我。'看到母亲闭上双眼，眼泪从苍白的脸上落下的时候，我也失声痛哭。从此我没有了痛的感觉。"

音乐停止了，房间里沉寂了很久……

回忆啃噬我们内心，打开的心碎和漫长却让我们沉静。海又回到了他的愿望里。他说："国外的心理医生是可以满足病人的要求的。"

我说："这要看心理医生本人状况。"

海说："在来你这里之前，我看过一个台湾的女心理医生，她就可以拿针扎我，还侮辱我。她说这样，就可以缓解焦虑，之后可以继续做心理治疗。"

我说："你并不是想治疗，你只是想满足你自己，而我做不到。"

海说："我希望你可以做到。你是我希望的女主人。"

我感叹于他的直接，但我只是摇摇头，"这是你认为的。"

海像是要证明什么，继续的说着。"其实，我找过很多的女主人，都没有十分满意的。我在国外遇到一个中国女人，当我告诉她我的愿望时，她恶狠狠地说：'你就是天生的奴性。'我喜欢她这样说。她对我做了所有可能的侮辱，我极度的满足。我甚至想留在她那里。可她说，那要和我签署协议，还要拔掉我所有的牙齿，还要给我带上狗链，终身囚禁。但这些都是我个人隐私，我怎能让别人看出来。最终我还是放弃了。

"这么多年，我一直在寻找我的女主人。我遇到台湾的女心理医生，我想这样的方式既可以满足自己，又可以合理的让对方接受。但是我找不到她了，她好像出国了。现在我每天脑子里都想的这个，于是我找到了你，你就答应我吧！来，拿针扎我。你做测试也好，看我能否承受，看看我的状况有多严重。"

海是聪明的，用这样的方式来让心理医生没有顾虑的去满足他想要的，而我却不能这样做。对于心理医生个人而言，自身的承受力很重要。"我能做到的是对你进行治疗，但如果你并没有此意，那么治疗就本不存在。如果只是测试，对于我这个手软心软的女子是无法做到的。我接触过虐恋的来访者的心理治疗，但他们是有想改变的，是想缓解自己的焦虑，可是，你不是，我就不能这样做。"

海离开的时候，我送他到电梯口，海还是问我："你真的做不到吗？"

"海，我做不到，可是我希望你快乐。如果你希望得到你的快乐，请小心保护你自己，也许你没有疼痛，但是你有一颗善良的心。也许你不忍伤害别人，但是请小心保护你自己和你的心灵。"

海的手伸出来，我紧紧的握住他的手。海做最后的努力："如果你哪天你可以做到了，你给我电话，我随时做你的奴仆。"

海的微笑随着电梯，降落。海消失在夜色里。上海今日的夜晚和往日一样，依旧是优雅，神秘，迷乱。爱是痛苦和欢乐的并存。

◎海的案例分析

○以痛苦为快乐

公元十八世纪，奥地利有一位名叫撒切尔·马索克的小说家，他自己是一个受虐恋者，他的作品也以描写这种性的畸变而著名。后来，这种畸形的性心理被称作"马索克现象"，也就是心理学中提到的"受虐恋"。

凡是喜欢接受所爱的对象的虐待，而身体上自甘于被钳制、精神上自甘于受屈辱的性的情绪，都可以被称为受虐恋，这是心理学所给出的定义。事实上，受虐是一种满足性冲动的方法，它具有可以不用进行正常的性行为而达到解决性欲的作用。

痛苦和快乐在大多数人看来是截然不同的两种情绪，但在我们的实际生活中，却往往会出现以痛苦为快乐的经历。海的童年是不幸的，原本温柔美丽的母亲在父亲离世一年后性情发生了很大的变化，曾经对海的疼爱、怜惜化作了暴虐、怒骂。看到母亲时常在夜里哭泣，懂事的海并没有躲避、反抗，在他看来母亲对他的种种行为能够些许缓解她的痛苦和悲伤，这使得他在受到打骂的时候非但没有感到痛苦，反而增添了更多开心、愉悦的情绪。实际上，痛苦中快感的产生并不是源于苦痛经验的本身，而是来自在这些经验中所唤起的情绪，当然，这和我们常说"苦中作乐"的乐观态度还有着些许的不同，它更像是一种条件反射，在躯体被疼痛刺激的同时产生快乐的体验。

母亲离世以后，海开始自谋生路，一次女老板带他同往一个女性俱乐部，俱乐部里的女人通过各种各样的方式虐待男人的肉体，在那里海同样感到的是满足，甚至他开始喜欢那里的女人。年轻的海也许还没有意识到，自己已然将性兴奋和痛苦联系到了一起，也就是说在此刻开始海有了受虐恋的倾向。

也许还有其他未知的原因令海的性生活不如意，但可以肯定的是受虐行为能更强烈的刺激并满足海对性的欲望。他开始深深的迷恋于此，并执著的去寻找他所谓的"女主人"，国内国外，大陆台湾，只要是海觉得符合他条件的都想尽办法力求尝试。几次经历过后，海已然成为了一个完完全全的受虐恋者。

不可否认，轻度的施虐、受虐在人类的性生活中能增添更多的情趣和刺激，然而，一旦演变成一种习惯、嗜好以致严重威胁正常的性行为时，就成了性心理的畸变。就海而言，受虐行为只是满足他个人和施虐者的性欲的一种有效方式，并未更多的危害社会、影响他人，所以自得其乐也未尝不好。但是，当虐恋者发现自己的虐恋行为是自我难以接受的时候，就应当及时主动的寻求心理医生或心理咨询师的帮助，并找到合适的方法抵制这种行为的再次发生。

23．一个同性恋者的困惑

> 世间没有纯粹的雄性或雌性的动物，一切动物多少都含有雌雄两性的成分。
>
> ——希伯

这个冬天的上海很冷，冷得使我这个从北方来的女子都无法忍受。这个冬天下雪了，在上海，无论是外乡人还是本地人，看到久违的大雪都感到兴奋和快乐。上海难得下雪，第二日的天空是如此的湛蓝，阳光也是洁白的，让我们的心暖暖的。

枫乔来的时候，我正在打电话，我示意他随意，他脱下鞋子就躺在沙发上，躺在阳光里。挂了电话，我看到他已经点燃一根烟，我笑着说："你还好吗？"

枫乔背对着我，看窗台上的小鱼不时游动碰触莲花晃来晃去，手里抚摸文竹的枝枝叶叶，喃喃的说："我和他见面了。"

枫乔高高的个子，五官很清秀，甚至比女人都长得精致，枫乔的身上总是散发 BOSS 的香水味，更让人觉得他的魅力让人迷乱。

枫乔来我这里咨询已经断断续续几个月，第一次来的时候是温暖五月，枫乔只是说："我心里很乱。"所有一切好像都在回避，但却知道回避的无奈。

枫乔最初的叙述只是浅浅地停留于工作的烦恼，说工作的时候，不知自己在想什么；说看到上级或者陌生男性的时候总是紧张和不安；说和女友之间总是那样不和谐。

"楚涵，我一定有问题了，但是我不知道问题出在哪里？我开始在夜里惊醒，也会在某一个时刻透不过气，我去医院检查了，说我没有什么病，让我看心理医生。"

我说："心理的问题不是单一存在的，是相互影响的。我们的情感会影响我们的生活，我们的生活会影响我们的工作，我们的性爱也会影响我们很多很多。所以，我们需要一个过程做定期的心理分析。"

枫乔看了我许久说："好的。"

我和枫乔的合作从此开始，之后的心理分析中，我们渐渐的看到了他的内心。

枫乔有一个大他很多的哥哥，哥哥是他的偶像，兄弟俩的反差就在于哥哥的阳刚，弟弟的内秀。

小时候的枫乔走到哪里都跟着哥哥，哥哥对于弟弟的关心超过了父母。枫乔最听哥哥的话，无论是选择的学校，还是选择专业，甚至选择女友都会听哥哥的建议。

在一次和哥哥洗澡的时候，哥哥不小心碰到他身体最隐私的地方，哥哥抚摸他的头哈哈地笑了，而他羞涩的同时感受到了快乐。

哥哥带回女友直到最终成为老婆,枫乔无法说出心里滋味,觉得哥哥再也不爱他了。

哥哥虽然依旧如小时候般疼爱他,但是他的心里还是那样的难受。哥哥说:"你该找个女朋友了。"

很多的女孩在追求枫乔,不止因为他的家境好,也不止因为他自身的条件优越,而是他的身上的一种忧郁深深打动了女孩们。最终枫乔选择了大大咧咧的彩虹,两人看似很般配,以哥哥话说是性格的弥补,可是枫乔总是有莫名的忧伤难以挥去。

在一次的聚会上枫乔认识了一个男人,两人聊得很投缘,男人的手有意无意总是碰触枫乔的身体,他感到一阵阵快乐。枫乔和男人都喝醉了,他们一起回到男人的家里,暗红的灯光,酒精的迷乱。男人身体上散发的阳刚的味道,让枫乔喜欢也不安,一切是那样自然而然,他们像情侣互相对视,互相拥抱直到互相地吻下去……

枫乔在清晨刺眼的阳光下,看到躺在身边的男人,感到满足的同时又感到不安。我是同性恋?枫乔结结巴巴地和男人告别,逃亡般离开男人的住所。以后和女友在一起的时候,枫乔再也无法体会快乐,时常的会想起男人。枫乔知道一切都变了,搂着彩虹的时候依然魂不守舍。

那男人也会打电话来,他不知该如何是好,想见和不见总是在他心里充斥着、煎熬着,在他强烈想念这个男人甚至他的身体的时候,他见了。离开的时候,他在内心无数次的说:最后一次,这是最后一次。

彩虹看到他的变化,感受他的忧伤。"你怎么了?"

枫乔抱紧彩虹说:"没事,我爱你,心里却一阵阵的痛。"

　　彩虹看到了男人给他的短信，彩虹惊奇于情敌竟是男人，彩虹的心碎了，枫乔只是抱紧彩虹说："给我时间，给我时间，请你不要离开我。"

　　枫乔答应彩虹不再见男人了，但是他却不知自己要干些什么，枫乔删除了关于男人一切的信息，却还是记住了他的电话号码，他的生日，他的点点滴滴。

　　枫乔在工作和生活里接触其他男人的时候，开始焦虑不安，总是紧张、流汗。枫乔说："一切都好似不正常了，甚至怕回去见哥哥。"

　　两个月的咨询时间里，最终让枫乔明白，他对男人的爱是来源于幼时对哥哥的爱，对哥哥的怀念，也让枫乔明白了要真实面对自己的感情，接受自己的内心，无论是对异性还是同性的爱。

　　枫乔最初接受自己时感到痛苦，他说他必须像正常人那样生活，娶妻生子。

　　我说："你一样可以娶妻生子，那个男人可以做你朋友，你的知己。"

　　枫乔真正面对自己的时候，甚至流泪，说他不愿意这样，但是却坦言告诉我仍然在怀念那个男人，怀念他的一切。我说："不要逼自己此时做某些决定，爱可以有很多种，只是爱的方式需要我们来选择。"

　　枫乔对于彩虹充满了内疚。"我可以断掉和男人的来往，但是我还是在精神上背叛她。"

我说："相信彩虹会理解你，她没有离开你，只是想和你一起度过你们共同的风雨。"

枫乔说："我该如何？"

"接受自己！"

有时我们逃避我们的内心是因为我们恐惧真相，但是我们如果直视我们的灵魂，我们会发现一切并不可怕。

我们的爱在世人眼里虽说偏离轨道，但是它确确实实存在于我们的内心，我们首先接受它，面对它，才可以找到解决的方式。

枫乔勇敢很多了，他说了很多男人和他在一起的感受。

他说："我们在一起很快乐，除了我的内心不安，男人没有我如此的忧郁，他总是说：'不怕，我在你身边，无论你是否离开我，我都会祝福你。'"

男人比枫乔更早的意识到自己的内心，所以他的爱也更镇定更无私。男人选择是独身，男人说他爱的就是男人，不管世人如何说。男人坚定的要自己的快乐，但是他更希望枫乔快乐，因为爱就是要他幸福。男人喜欢抚摸枫乔乌黑的头发，给枫乔温暖安定的感觉，枫乔的心总是在离开男人之后更为失落，他一时坚定一时犹豫。而男人只是微笑"无论如何我都支持你的决定。"

枫乔的心再次坚定起来。"我要和彩虹结婚。"

"你想好了？"

枫乔突然明白我的意思。"我是在逃避吗？"

"是的！"

枫乔很无奈说："那该如何呢？我不可以让我哥失望，我不可以让父母失望，我不可以，我不可以。"

我说："是的，等你以一种坦然的心去和彩虹结婚的时候，不止是让她幸福也让你快乐，也让爱你的人都快乐。"

枫乔冷静了很多，"其实我也担心自己是否可以给彩虹幸福，至少现在我不知道。"

枫乔的心在起起落落的时候，彩虹找到我。我第一次看见彩虹的时候，惊奇她的外貌，酷似男孩，无论是装扮还是举止。但是在她诉说时的眼泪里，让我知道她的心还是如女孩般柔软，脆弱。

彩虹说："找你费了好大的劲，我只是知道你在虹桥机场附近，我开车找了很久。"

我笑了，"你有什么事情吗？"

她说："我想知道我的男友来过吗？"

"你的男友？！"

"噢，他的头发很长，这是他的照片。"两个笑容绽放的人，是彩虹和枫乔。

我笑了，"我们是要为来访者保密的。"彩虹说："这我知道，我知道他定期看心理医生，也知道他的心理医生叫楚涵。我想我也可以帮助他。"

彩虹哭了，"楚涵，你不知道，我以前也是长发的，为了他我把头发都剪短了，可是他还是喜欢那个男人，忘不了那个男人。"

我说："你想如何呢？"

彩虹说："我爱他，我不想离开他。"

"他也不想离开你。"

彩虹的眼睛亮起来，"真的吗？"

我微笑，"但是我们都需要给他时间，此时他在接受自己，也在解决自己的内心矛盾，等他一切都调整好的时候，彩虹，无论什么结果，我们都希望爱人幸福，对吗？"

彩虹说："是的，但是我怕，我怕他会离开我。"

"我们都在努力朝他期望的方向在走，你和我需要一起来帮助他。"

彩虹说："嗯，我会的。"

爱，有时让人如此痛苦，有时也让人如此的感动。我看着彩虹的头发说："为他而改变自己，无论是外貌还是内心，你快乐吗？"

"没有什么不快乐，只是觉得他好像不怎么欣赏。"

"是的，那就做回自己，尤其是此时，让他感受女性的魅力，你以前是很女人的女孩，他不也很喜欢？如果你装扮成男人的样子，只是让他更加靠近同性。"

彩虹张大嘴，"我以为他喜欢呢。"

我笑了，"喜欢一个人，不止是外貌，是一种感受，所以真实的自己如果他喜欢，那你也不会伪装的很辛苦，同时他也快乐。"

彩虹嘴角有浅浅的酒窝，笑起来很可爱，彩虹说："那我该做些什么呢？"

"理解他，宽容他，让他尽可能的感受女性的柔情，女性的魅力。"

枫乔知道彩虹来了，笑着说："这丫头真是神通广大，我也只是说了一句你的名字和位置，她就找到你了。"

我说："她爱你！"

枫乔不笑了，"我知道。"

枫乔开始说他们之间的事情，彩虹很可爱，也很调皮，开始总是很恶作剧的捉弄他，搞的他很狼狈。但是她哈哈大笑的神态也感染了他，也让他体会了快乐，因此被她所吸引。那时彩虹虽说是个优越的女孩，但是对他却很迁就，也许人生就是这样，总有一个人像前世欠了她似的，今生无怨无悔的来还债，我呢？前世欠谁的？男人的？

"枫乔，我们往往解释不了自己行为的时候，会找个理由，找个借口来为我们解脱，今生我遇到了，我们该如何来解决呢？这是重要的。"

枫乔笑了，"是啊，不过我好像很清晰了，我是爱彩虹的，也爱男人。"

"如果没有世俗的，如果没有社会责任，你会选择谁？"

枫乔想了很久，"男人吧?!"

"就算我们忽略世人的眼睛，它却无形的根深蒂固在我们心理存在，那我们该如何选择？"

枫乔毫不犹豫，"我该选择彩虹，可我还是会想他。"

"是的，就是异性之间的爱，也不是唯一，我们有可能爱的不止是一个人，婚姻却只让我们选择一个人的时候，我们会找一个合适的人，去结婚，但是还有爱会存留于心底，那时我们会怀念，但是我们对婚姻的责任，也许让我们更疼爱和我们结婚的人。"

枫乔接受真实的自己了，他的内心会爱异性，也会爱同性。枫乔不再如此的恐惧和不安了，他可以坦然的面对同性了，不再回避的时候，却更加自然和随意。

枫乔说："那我可以和他来往吗？"

我笑了。"为何不可以？自古英雄惜英雄的故事很多，相互欣赏的男人很多，相互钦慕的男人也大有人在，你如何来和他相处才是重要的。"

枫乔说"我要去见他，我要和他好好谈谈。"

枫乔看着落在的绿色树枝上的雪平静地说:"我和他见面了。"

我坐在他的侧面,想看他的眼睛,他还是看着窗外。我静静的等他继续,枫乔转过头来,乌黑的长发飞扬,眼睛迷朦。"昨天我们见面了。"

我说:"我要和彩虹结婚。"

男人说:"我知道。"

我说:"我们以后……"

男人说:"如果你愿意来看我,我们是好兄弟!"

枫乔看着男人,突然感觉很幸福,男人和枫乔拥抱,这次是兄弟之间的拥抱。

男人说:"来,坐下给哥哥说,婚礼我们要准备什么呢?"

枫乔羞涩的笑了,"我还不知道彩虹是否愿意嫁我呢。"男人说:"你和彩虹一定要幸福!"

枫乔说:"你呢?"

"我?呵呵我很好,爱不一定要有形式,尤其是我这样的感情,也许我就这样过一辈子了,也许我也会找个女人来爱,也许,也许……"

离开的时候,枫乔盯着男人的眼睛鼓足勇气说:"我,我……"

男人看着枫乔,拍拍他的肩膀说:"我知道,我了解……"

枫乔望着我,"他没有让我说出来……"

"你想说什么呢?"

枫乔坚定地说:"我爱他,但是我知道,这样的爱是毫无结果的,却是有意义的。"

枫乔说："心突然的放下来了，心突然的好轻松。"

我说："因为你找到了心灵的归宿。"

枫乔笑着说："我和彩虹说了，我要和她结婚……"

我笑着等他继续说下去，枫乔说："她同意了。"

彩虹在厨房里打鸡蛋，枫乔看着她娇小的背影说："我们结婚吧。"

鸡蛋落在地上，开出美丽的花，彩虹看着枫乔的眼睛说："你再说一遍。"

枫乔的内心充满了幸福说："做我老婆吧。"彩虹笑着跳起来，紧紧的抱住他。

彩虹说："不哭，我不哭，我们该高兴的。"

那个夜晚他们很快乐，不同于往常。

枫乔在我面前突然羞涩起来了，"楚涵，我会做的很好吗？"

"会的，对自己要有信心！"

很多的时候，我们在不明白自己的时候，容易产生好奇。因为好奇，我们会促动我们去做些什么来满足好奇，但是当你明白一切的时候，面对一切的时候，事物总是有一个规则去遵循，心在不违背自己的时候，才会做的很好。别担心，因为你不再好奇，你已经经历，你已经坦然面对男人，你的心才会平静，因为平静你知道你的选择是成熟的。

当心平静而感受幸福温暖的时候，你和男人的之间的情感就会升华，异性之间没有结局的真实爱情也是如此，也可以升华，同样的一种感情只要我们处理好，都会以最美的方式结束。

枫乔在农历旧年要结束的时候给我短信：我们于 2 月 6 日结婚。

彩虹给我电话："楚涵姐姐，我们要结婚了。"

我说："枫乔都给我说了，祝福你们幸福噢。"

彩虹神秘的说："姐姐，姐姐……"

我鼓励她，"说吧。"

彩虹笑了，"我怀孕了，枫乔特别得高兴，让我留下来。"

我也开怀大笑……

抬头看上海的天空如此湛蓝而宁静，幸福又走近一家人。

◎枫乔的案例分析

○同性相吸的诱惑

当一个人的性冲动对象是一个同性而非异性的人时，便会被称为"性逆转"或是"同性恋"，在中国的古代也有"龙阳之癖"、"断袖之交"一说。四千年前的埃及人，曾把鸡奸看作是相当神圣的行为，古希腊，同性恋者会受到他人的备加尊崇，直至基督教传入欧洲，同性恋的声誉开始一落千丈，东罗马帝国更将其视为一种淫恶的犯罪行为。

事实上，同性恋在根本上说是一种自然的行为，除了人类以外，很多的动物都有着同性相恋的现象，特别是和人类在血缘上最为接近的灵长类，如：猕猴、狒狒，在它们的世界中这一行为是非常流行的。

同性恋同样也是性冲动的表现，一样是运用情感，只是其情感的寄托根本的、完整的从一个常态的对象转移到另一对象身上。而除了对象的转变是同性之外，其余一切情感运用的方式、过程、满足等等，都与异性恋没有什么区别。

可以说枫乔还不是一个完完全全的同性恋者，因为他在异性身上仍可获得爱或是性的满足，所以通过心理咨询是能够有效的减弱或抵消他的同性恋倾向。在心理学界对于同性恋有着不同的归因说法，其中两种说法是最具代表性的，也是被众多学者普遍认可的，一种是源于先天的气质，另一种是源于早年的暗示。对枫乔而言，其先天气质如何我们不得知晓，但可以肯定的是，早年的暗示对他有着很大的影响。

小时候的枫乔个性内向羞怯，似个女孩子，很多光阴都是和个性阳刚的哥哥一起渡过的，哥哥对他的关怀甚至超过了父母，逐渐的哥哥成了枫乔心中的偶像和情感的寄托。一次洗澡时，哥哥无意中碰到了枫乔的下体，这使得正当青春发育的枫乔除了羞涩之余更多感受到的是愉悦和兴奋，对哥哥情感上的向往，此时此刻开始和肉体、性联系到了一起。

我们都知道世界上本没有纯粹的男人或女人，每个人都是男性成分和女性成分的混合体。那么，既然每个人在体质方面都有着多少的异性成分，在心理方面也就难免有一些异性倾向的存在。在青少年期间心体尚未发育完全之时，哥哥的个性和无意间的行为在一定程度上影响、促进了枫乔自身异性成分的萌发和凸显。

嗜懂的枫乔一点点的长大，在几次与男性的深入接触后，他得到了性的满足和精神上的快慰，他越来越难以摆脱同性的诱惑。

○通过异性得到冲动满足
彩虹是枫乔的女友，无论从相貌装扮还是言行举止上看，她都像是一个男孩子，即便这并非是彩虹自己所愿，可也正是这些男性化的成分，填补了枫乔所认为的在女性身上难以寻找的空缺。与彩虹的相处令枫乔逐渐感受到了自己对异性的爱，依然如对同性一样难以割舍。面对社会的压力，自己对两种性别的恋情，枫乔不知应该如何。

在心理咨询师的帮助下，枫乔更加清晰的了解到自己的心理成长历程，特别是性心理的成长。明白了自己对同性的情感依赖更多是源自幼时对哥哥的崇拜向往，知道了自己并不是一个彻底的同性恋者，同时也学会了与同性之间的正常交往，学会了在女友的身上获得更多的满足，最后，他坚定了自己的选择，携手与彩虹步入了婚姻殿堂。

同性恋虽属于一种变异情况，却不是生理上的基因突变，这种变异也只是牵涉到身体上的特殊功能之一。美国精神病协会和心理协会先后在 1973 年和 1975 年一致同意将同性恋从心理障碍名单中删除，因为大多同性恋者实际都是很快乐很积极的人。

事实上，同性恋者的焦虑不是来源于自身的性取向，而是在于人们对他们这个群体的反应。同性恋者的爱也是纯真的爱令人尊敬的爱，丝毫不比我们常说的异性之间的爱差多少。即使您仍然无法张开双臂去接受他们，也不应去过多的指责或歧视，平静的面对这一人群，平静的面对这种自然的现象，就已足够。

图书在版编目（CIP）数据

情感之乱:女心理师和她的23个案例／张楚涵著；—北京：
新星出版社,2007.12
ISBN 978 - 7 - 80225 - 355 - 1

Ⅰ. 情... Ⅱ. 张... Ⅲ. 短篇小说－作品集－中国－当代
Ⅳ. I247.7

中国版本图书馆 CIP 数据核字(2007)第 152411 号

情感之乱:女心理师和她的 23 个案例

张楚涵 著

责任编辑：李　曼
封面设计：颜　禾
责任印制：韦　舰

出版发行：新星出版社
出 版 人：谢　刚
社　　址：北京市东城区金宝街 67 号隆基大厦　100005
网　　址：www. newstarpress. com
电　　话：010 - 65270477
传　　真：010 - 65270449
法律顾问：北京建元律师事务所

读者服务：010 - 65267400　service@ newstarpress. com
邮购地址：北京市东城区金宝街 67 号隆基大厦　100005

印　　刷：河北大厂彩虹印刷有限公司
开　　本：670×960　1/16
印　　张：14.75
字　　数：110 千字
版　　次：2007 年 12 月第一版　2007 年 12 月第一次印刷
书　　号：ISBN 978 - 7 - 80225 - 355 - 1
定　　价：22.00 元